TRAITÉ ÉLÉMENTAIRE

DES SÉRIES.

PARIS. — TYPOGRAPHIE HENNUYER, RUE DU BOULEVARD DES BATIGNOLLES, 7.

TRAITÉ ÉLÉMENTAIRE

DES SÉRIES

PAR

EUGÈNE CATALAN

ANCIEN ÉLÈVE DE L'ÉCOLE POLYTECHNIQUE, DOCTEUR ÈS SCIENCES, AGRÉGÉ DE L'UNIVERSITÉ,

MEMBRE DE LA SOCIÉTÉ PHILOMATHIQUE,

CORRESPONDANT DES ACADÉMIES DES SCIENCES DE TOULOUSE, LILLE, LIÉGE,

ET DE LA SOCIÉTÉ D'AGRICULTURE DE LA MARNE.

PARIS

LIBRAIRIE CENTRALE DES SCIENCES

LEIBER ET FARAGUET,

Rue de Seine, 13.

1860

TABLE DES MATIÈRES.

FIN DE LA TABLE.

AVANT-PROPOS.

« Dans ces derniers temps, le développement des fonctions en séries a beaucoup occupé les géomètres; *on ferait un ouvrage considérable, si l'on se proposait de rassembler tout ce qu'ils ont écrit sur ce sujet.* »

Ces paroles d'un savant célèbre expliquent, mieux que je ne le pourrais faire, les omissions nombreuses de ce *Traité élémentaire des séries* : mon unique désir étant d'être utile aux jeunes gens peu familiarisés avec l'Analyse infinitésimale, en leur rendant accessible l'une des théories les plus fécondes et les plus délicates des Mathématiques, j'ai dû passer sous silence tout ce qui suppose, chez le lecteur, une connaissance assez approfondie du Calcul différentiel et du Calcul intégral; par exemple, les *séries de Lagrange, d'Euler, de Fourier;* les travaux dans lesquels Legendre, Poisson, Binet, Cauchy, Dirichlet, Malmstein et tant d'autres géomètres ont appliqué les intégrales définies à la sommation des séries; etc.

Malgré ces lacunes regrettables, on s'assurera aisément, en parcourant les *cent trente-deux* pages composant cet opuscule, qu'il renferme beaucoup plus de choses qu'on ne serait, au premier abord, tenté de le croire. Si, comme j'ose l'espérer, il est favorablement accueilli par les Géomètres, les Professeurs et les Élèves, j'essayerai peut-être, quelque jour, de réaliser le programme, ou plutôt le vœu formulé par le savant et respectable Lacroix.

Paris, 15 février 1860.

TRAITÉ ÉLÉMENTAIRE
DES SÉRIES.

CHAPITRE I.

PRÉLIMINAIRES.

1. DÉFINITION. *On appelle série une suite indéfinie de termes procédant suivant une loi déterminée.*

D'après cette définition, l'on doit toujours pouvoir *calculer un terme de rang donné*, soit directement, soit au moyen des termes qui le précèdent (*). Autrement dit, si les termes d'une série sont désignés par

$$u_1, \quad u_2, \quad u_3, \quad \ldots\ldots \quad u_n, \quad \ldots\ldots$$

le *terme général* u_n est *fonction de n*.

2. DIVERSES ESPÈCES DE SÉRIES. Désignons par S_n la *somme des n premiers termes* d'une série, savoir :

$$S_n = u_1 + u_2 + u_3 + \ldots\ldots + u_n.$$

Cette somme, aussi bien que u_n, est une fonction de n. Cela posé, trois cas peuvent se présenter :

1° *Si la somme S_n des n premiers termes tend vers une limite finie et déterminée* S, lorsque le nombre n croît indéfiniment, la série est dite *convergente;*

2° Dans le cas contraire, c'est-à-dire *quand la somme S_n peut*

(*) Par exemple, le vingt-neuvième terme de la progression

$$3, \quad 7, \quad 11, \quad 15, \quad \ldots\ldots$$

peut être obtenu, soit *directement*, au moyen de la formule $u_n = 3 + 4(n-1)$, soit par des additions successives.

croître (en valeur absolue) *au delà de toute limite,* on dit que la série est *divergente* ;

3° Enfin, *s'il arrive que la somme* S_n, sans croître au delà de toute limite, *n'ait pas de limite déterminée,* la série n'est *ni convergente ni divergente* : on peut lui donner le nom de *série indéterminée* (*).

5. D'après ces définitions, *une progression par quotient, illimitée et décroissante,* est une *série convergente; une progression par quotient, illimitée et croissante,* est une *série divergente; enfin la progression*

$$+1, \quad -1, \quad +1, \quad -1, \quad +1, \quad \ldots,$$

dont le terme général est $(-1)^{n-1}$, constitue une *série indéterminée;* car S_n égale 1 ou 0, suivant que n est *impair* ou *pair.*

4. Les séries convergentes sont les seules qu'il soit utile de considérer, parce que *les autres séries ne peuvent représenter aucune quantité* (**). Il est donc nécessaire de savoir reconnaître si une série proposée est convergente ou non convergente. C'est à quoi l'on parviendra, *presque toujours,* en appliquant les règles démontrées dans le chapitre suivant.

(*) **La plupart** des auteurs font rentrer cette troisième espèce de série dans la catégorie des *séries divergentes.* Cette classification nous paraît contraire à l'étymologie et à la signification habituelle du mot *divergent.* La dénomination de *série indéterminée* a été proposée par **M. L. Olivier** (*Journal de Crelle,* t. II).

(**) Il y a plus; les expressions : *limite d'une série, somme d'une série,* n'ont évidemment aucun sens, lorsque la série n'est pas convergente. On peut donc s'étonner que de savants géomètres aient énoncé les propositions suivantes :

$$1-1+1-1+1-1+ \ldots \ldots = \frac{1}{2} \text{ (Lacroix, } \textit{Calcul intégral,} \text{ t. III, p. 346) ;}$$

$$1-2+3-4+5-6+ \ldots \ldots = \frac{1}{4} \text{ (} \textit{Ibid.} \text{);}$$

$$1-1.2+1.2.3-1.2.3.4+ \ldots \ldots = 0,403\,628\,36 \text{ (} \textit{Ibid.} \text{, p. 390);}$$

$$\cos \varphi - \cos 2\varphi + \cos 3\varphi - \cos 4\varphi + \ldots = \frac{1}{2} \text{ (Poisson, } \textit{Journal de l'École polytechnique,}$$
$$\text{t. XI, p. 313) ;}$$

$$1-1+1-1+1-1+ \ldots \ldots = \frac{2}{3} \text{ (Prehn, } \textit{J. de Crelle,} \text{ t. XLI);}$$

$$1^2-2^2+3^2-4^2+5^2-6^2+ \ldots \ldots = 0 \text{ (Simonof, } \textit{Mémoire sur les séries des nombres}$$
$$\textit{aux puissances harmoniques}\text{);}$$

etc.

CHAPITRE II.

THÉORÈMES SUR LA CONVERGENCE.

Théorèmes généraux.

5. Théorème I. *Dans toute série convergente, le terme général a pour limite zéro.*

Démonstration. Désignons par S la limite vers laquelle tend la somme S_n des n premiers termes, et par R_n le *reste* de la série; en sorte que

$$S_n + R_n = S.$$

Changeant n en $n-1$, nous aurons

$$S_{n-1} + R_{n-1} = S.$$

Ces deux égalités, retranchées membre à membre, donnent

$$u_n + R_n - R_{n-1} = 0.$$

Mais, lorsque n croît indéfiniment, les restes R_n, R_{n-1} tendent vers zéro ; donc

$$\lim u_n = 0 \; (^*).$$

6. Théorème II. *Dans toute série convergente, la somme d'un nombre quelconque de termes consécutifs a pour limite zéro.*

Démonstration. Conservant les notations du numéro précédent, représentons par S_{n+p} la somme des $n+p$ premiers termes ; nous aurons

$$S_n + R_n = S, \quad S_{n+p} + R_{n+p} = S.$$

Ces deux équations donnent

$$u_{n+1} + u_{n+2} + \ldots + u_{n+p} + R_{n+p} - R_n = 0 ;$$

(*) Il est bon de remarquer, à propos de cette proposition fondamentale, que *la convergence ne dépend pas des premiers termes :* la série

$$1 - \frac{10}{1} + \frac{10^2}{1 \cdot 2} - \frac{10^3}{1 \cdot 2 \cdot 3} + \ldots$$

dont les **termes**, abstraction faite du signe, vont d'abord en augmentant, est convergente.

puis, si le nombre n croît indéfiniment,

$$\lim (u_{n+1} + u_{n+2} + \ldots + u_{n+p}) = 0.$$

7. *Remarques*. I. L'énoncé et la démonstration du dernier théorème supposent que *le nombre* p *des termes consécutifs est constant* : il peut, d'ailleurs, être aussi grand qu'on le veut (*).

II. Les théorèmes précédents expriment deux conditions auxquelles satisfont toutes les séries convergentes. Conséquemment, *toute série qui n'y satisfait pas ne saurait être convergente*. Nous démontrerons plus loin que ces conditions, *nécessaires*, sont loin d'être *suffisantes* (**).

III. Le second théorème est une conséquence du premier ; car *si des quantités, en nombre limité, tendent chacune vers zéro, leur somme a pour limite zéro*. Il résulte de là que *si les termes d'une série, convergente ou divergente, ont pour limite zéro, on en peut toujours trouver* p *consécutifs dont la somme soit inférieure à un nombre donné* δ.

En effet, pour satisfaire à l'inégalité

$$u_{n+1} + u_{n+2} + \ldots + u_{n+p} < \delta,$$

(*) On verra tout à l'heure que, sous une certaine condition, *le nombre* p *peut être variable et indéfiniment croissant.*

(**) C'est donc par inadvertance que, dans un fort bon Traité de Calcul différentiel, on a énoncé et *démontré* la proposition suivante :

« Pour qu'une série soit convergente, *la condition nécessaire et suffisante consiste en ce que la somme d'un nombre quelconque de termes au delà du* n^e, u_n, *soit aussi petite que l'on voudra, si* n *est suffisamment grand.* »

Cette *proposition fausse*, que l'on retrouve dans la plupart des Traités d'Algèbre ou de Calcul différentiel, a été énoncée d'abord, chose extraordinaire ! par l'éminent géomètre à qui l'on doit les premières recherches sur la convergence des séries. On lit, en effet, dans les *Exercices de Mathématiques* (t. II, p. 221) :

« D'après ces principes, pour que la série soit convergente, il est nécessaire et il suffit que les valeurs des sommes

$$s_n, \quad s_{n+1}, \quad s_{n+2}, \quad \ldots$$

correspondantes à de très-grandes valeurs de n, diffèrent très-peu les unes des autres, ou, en d'autres termes, il est nécessaire et *il suffit que la différence*

$$s_{n+m} - s_n = u_n + u_{n+1} + \ldots + u_{n+m-1}$$

devienne *infiniment petite, quand on attribue au nombre* n *une valeur infiniment grande, quel que soit d'ailleurs le nombre entier représenté par* m. »

Nous avons souligné ce qui (si nous avons bien compris les paroles de l'illustre auteur) constitue la proposition fausse dont nous parlions tout à l'heure.

dans laquelle tous les termes sont supposés positifs, il suffit de rendre chacune des parties du premier membre moindre que $\frac{\delta}{p}$ (*).

IV. Il y a cette différence entre les séries convergentes et les séries divergentes, que, *dans toute série convergente, la somme de p termes consécutifs tend vers une limite, quand le nombre p augmente indéfiniment, et que, dans les séries divergentes, cette somme croît indéfiniment avec p, quel que soit le rang du premier des termes considérés.* Ces deux propriétés, que l'on pourrait regarder comme évidentes, résultent, très-simplement, des principes précédents.

En effet, si la série est convergente, on a

$$S_{n+p} - S_n + R_{n+p} - R_n = 0 ;$$

puis, en supposant n constant et p variable,

$$lim \, (S_{n+p} - S_n) - R_n = 0 ,$$
ou
$$lim \, (S_{n+p} - S_n) = S - S_n.$$

Au contraire, la série étant divergente, la somme S_{n+p} peut dépasser toute limite ; et il en est évidemment de même pour $(S_{n+p} - S_n)$ (**).

8. **THÉORÈME III.** *Dans toute série convergente, la somme d'un nombre indéfiniment grand* (***) *de termes consécutifs tend vers zéro, lorsque le rang du premier de ces termes augmente indéfiniment.*

Démonstration. Dans l'équation

$$(u_{n+1} + u_{n+2} + \dots + u_{n+p}) + R_{n+p} - R_n = 0 ,$$

supposons que p soit une fonction de n, qui devienne infinie avec cette variable. Nous aurons, *en passant à la limite,*

$$lim \, (u_{n+1} + u_{n+2} + \dots + u_{n+p}) = 0,$$

absolument comme dans le cas où p était supposé constant (6).

(*) Dans la plupart des cas, les termes de la série vont en décroissant, du moins à partir de l'un d'eux. S'il en est ainsi, l'inégalité ci-dessus sera vérifiée dès que l'on aura $u_{n+1} < \frac{\delta}{p}$.

(**) Toujours en supposant n constant.

(***) *Indéfiniment grand* signifie ici : *qui croît indéfiniment.*

9. *Remarque.* Cette proposition, beaucoup plus générale que le Théorème II, n'exprime pourtant pas une propriété qui appartienne exclusivement aux séries convergentes. Pour le montrer sur un exemple simple, considérons la série *divergente*

$$\frac{1}{2l2} + \frac{1}{3l3} + \frac{1}{4l4} + \ldots + \frac{1}{(n+1)l(n+1)} + \ldots \quad (^*).$$

En supposant $p = n$, nous aurons

$$S_{n+p} - S_n = \frac{1}{(n+2)l(n+2)} + \ldots + \frac{1}{(2n+1)l(2n+1)}.$$

Tous les termes du second membre sont moindres que $\frac{1}{nln}$; donc

$$S_{n+p} - S_n < \frac{1}{ln};$$

et, conséquemment, $\quad lim\,(S_{n+p} - S_n) = 0.$

Ainsi, *la somme d'un nombre indéfiniment grand de termes consécutifs peut avoir pour limite zéro, sans que la série soit convergente* $(^{**})$.

10. Théorème IV. *Si les termes d'une série sont, en valeur absolue, respectivement moindres que ceux d'une série convergente dont tous les termes ont même signe, la première série est convergente.*

Démonstration. Décomposons la somme S_n des n premiers termes de la série convergente en deux parties a_n, b_n; a_n représentant l'ensemble des termes correspondant aux termes positifs de la première série, et b_n la somme de ceux qui correspondent aux termes négatifs de celle-ci. Désignons par S'_n, a'_n, b'_n les quantités analogues, relatives à la première série. Nous aurons

$$S'_n = a'_n - b'_n, \quad S_n = a_n + b_n.$$

La seconde série étant convergente, les *sommes positives croissantes* a_n, b_n ont des limites α, β; donc les *sommes positives croissantes* a'_n, b'_n, *respectivement moindres que les premières*, ont des limites α', β'; et la somme S'_n a pareillement une limite, égale à $\alpha' - \beta'$.

$(^*)$ Voir plus loin, n° 29.
$(^{**})$ Cette proposition justifie ce que nous avons dit ci-dessus (n° 7).

11. *Remarques.* I. Il est évident que le même théorème subsiste lorsque les termes de la première série sont égaux à ceux de la seconde, respectivement multipliés par des quantités positives ou négatives quelconques, mais *finies*.

II. Si la série convergente donnée n'avait pas ses termes de même signe, la proposition pourrait être en défaut : en effet, la différence $a_n - b_n$ peut avoir une limite, bien que les sommes a_n, b_n croissent indéfiniment (*).

12. APPLICATIONS. I. *La série*

$$1 + \frac{1}{1} + \frac{1}{1.2} + \frac{1}{1.2.3} + \dots + \frac{1}{1.2.3\dots(n-1)} + \dots,$$

dont les termes, à partir du quatrième, sont respectivement moindres que ceux de la progression

$$\frac{1}{2^2} + \frac{1}{2^3} + \dots + \frac{1}{2^{n-2}} + \dots,$$

est convergente (**).

II. *La série*

$$1 - \frac{1}{1} + \frac{1}{1.2} + \frac{1}{1.2.3} + \dots \pm \frac{1}{1.2.3\dots(n-1)} \mp \dots$$

est convergente (***).

III. *La série*

$$1 + \frac{a+c}{b+c} + \frac{(a+c)(2a+c)}{(b+c)(2b+c)} + \dots + \frac{(a+c)\dots(\overline{n-1}\,a+c)}{(b+c)\dots(\overline{n-1}\,b+c)} + \dots,$$

dans laquelle a, b, c *sont des quantités positives, est convergente si* a *est inférieure à* b. *Dans le cas contraire, elle est divergente.*

(*) Par exemple, ainsi qu'on le verra plus loin, la série

$$1 - \frac{1}{2} + \frac{1}{3} - \frac{1}{4} + \frac{1}{5} - \frac{1}{6} + \frac{1}{7} - \dots$$

est convergente, et la série

$$\frac{1}{2} + \frac{1}{3} + \frac{1}{4} + \frac{1}{5} + \frac{1}{6} + \frac{1}{7} + \frac{1}{8} + \dots$$

est *divergente*.

(**) La somme de cette série, ordinairement désignée par la lettre e, est la base des logarithmes népériens.

(***) Elle a pour somme $\frac{1}{e}$.

En effet, dans le premier cas, les termes sont, à partir du troisième, respectivement moindres que ceux de la progression décroissante

$$1 + \frac{a+c}{b+c} + \left(\frac{a+c}{b+c}\right)^2 + \dots + \left(\frac{a+c}{b+c}\right)^n + \dots \ (^*);$$

etc.

Règles de convergence.

13. THÉORÈME V. *Une série est convergente si, à partir d'un certain rang, le rapport d'un terme au terme précédent, pris en valeur absolue, est constamment inférieur à un nombre donné, moindre que l'unité.*

Démonstration. D'après le Théorème IV, il suffit de considérer le cas où tous les termes sont positifs. Or, si l'on a

$$\frac{u_{n+1}}{u_n} < \alpha, \quad \frac{u_{n+2}}{u_{n+1}} < \alpha, \quad \dots, \quad \frac{u_{n+p}}{u_{n+p-1}} < \alpha, \quad \dots,$$

α étant une constante positive, inférieure à l'unité, il en résulte que les termes

$$u_{n+1}, \quad u_{n+2}, \quad \dots, \quad u_{n+p}, \quad \dots$$

sont respectivement moindres que les termes de la progression décroissante

$$\alpha u_n, \quad \alpha^2 u_n, \quad \dots, \quad \alpha^p u_n, \quad \dots$$

Et comme cette progression forme une série convergente, il en est de même pour la série proposée.

14. *Remarques.* I. Ordinairement ce théorème peut être énoncé ainsi : *Une série est convergente, si le rapport d'un terme au terme précédent, pris en valeur absolue, tend vers une limite moindre que l'unité.*

II. Cependant la première proposition est plus générale que la seconde : il peut arriver, en effet, que le rapport $\frac{u_{n+1}}{u_n}$ n'ait pas de

---

(*) A cause de

$$\frac{na+c}{nb+c} < \frac{a+c}{b+c}.$$

limite déterminée. C'est ce qui a lieu, par exemple, pour la série

$$\frac{\sin^2\varphi}{1+k\cos^2\varphi}+k\frac{\sin^2\varphi\sin^2 2\varphi}{(1+k\cos^2\varphi)(1+k\cos^2 2\varphi)}+\dots+k^{n-1}\frac{\sin^2\varphi\sin^2 2\varphi\dots\sin^2 n\varphi}{(1+k\cos^2\varphi)\dots(1+k\cos^2 n\varphi)}+\dots,$$

dans laquelle on suppose

$$0<k<1,\quad 0<\varphi<\pi.$$

Cette série est convergente, car le rapport

$$\frac{u_{n+1}}{u_n}=k\frac{\sin^2(n+1)\varphi}{1+k\cos^2(n+1)\varphi}$$

est inférieur à k (*).

III. *Si tous les termes ont même signe, et que le rapport* $\frac{u_{n+1}}{u_n}$ *ait pour limite l'unité, la série peut être divergente* (**).

IV. En conservant les notations précédentes, et en supposant *tous les termes positifs*, on a

$$R_n<\frac{\alpha}{1-\alpha}u_n.$$

En effet, les inégalités

$$u_{n+1}<\alpha u_n,\quad u_{n+2}<\alpha^2 u_n,\quad u_{n+3}<\alpha^3 u_n,\quad\dots$$

donnent

$$R_n<\alpha u_n(1+\alpha+\alpha^2+\dots);$$

etc.

15. Applications. 1. *La série* exponentielle

$$1+\frac{x}{1}+\frac{x^2}{1.2}+\dots+\frac{x^{n-1}}{1.2.3\dots(n-1)}+\dots$$

est convergente, quel que soit x (***).

En effet,

$$\lim\frac{u_{n+1}}{u_n}=\lim\frac{x}{n}=0.$$

(*) Excepté pour les valeurs de *n* qui donneraient $\sin^2(n+1)\varphi=1$. Mais, dans ce cas, l'arc φ serait commensurable avec la circonférence ; et, à cause de $\sin(2n+2)\varphi=0$, *la série se réduirait à un polynôme.*

(**) Ceci sera prouvé plus loin.

(***) La somme de cette série est e^x.

II. *La série* logarithmique

$$\frac{x}{1} + \frac{x^2}{2} + \frac{x^3}{3} + \ldots + \frac{x^n}{n} + \ldots$$

est convergente pour toutes les valeurs de x *comprises entre* $+1$ *et* -1.

Effectivement,

$$\lim \frac{u_{n+1}}{u_n} = x \lim \frac{n}{n+1} = x ;$$

donc, en valeur absolue,

$$\lim \frac{u_{n+1}}{u_n} < 1 \;\; (^*).$$

III. *La série* du binôme

$$1 + \frac{m}{1} x + \frac{m(m-1)}{1.2} x^2 + \ldots + \frac{m(m-1)\ldots(m-n)}{1.2.3\ldots(n-1)} x^{n-1} + \ldots$$

est convergente lorsque la variable x *est comprise entre* $+1$ *et* -1.

Dans ce cas,

$$\frac{u_{n+1}}{u_n} = \frac{m-n+1}{n} x = -\frac{n-m-1}{n} x ;$$

donc

$$\lim \frac{u_{n+1}}{u_n} = -x ;$$

et, en valeur absolue,

$$\lim \frac{u_{n+1}}{u_n} < 1 \;\; (^{**}).$$

16. THÉORÈME VI. *Une série*

$$u_1 + u_2 + u_3 + \ldots + u_n + \ldots$$

est convergente ou divergente, suivant que la valeur absolue de $\sqrt[n]{u_n}$
tend vers une limite λ *inférieure ou supérieure à l'unité.*

Démonstration. Soit x une quantité comprise entre 1 et λ. Dans

---

(*) On verra plus loin que cette série est *convergente* pour $x = -1$, *divergente* pour $x = +1$.

(**) Cette série, développement de $(1+x)^m$, est encore convergente lorsque $x = \pm 1$, m étant positif, ou lorsque $x = 1$, m étant compris entre 0 et -1 (*Comptes rendus de l'Académie des sciences*, 26 octobre 1857).

le premier cas, à partir d'une certaine valeur de n, on aura (toujours en valeur absolue)

$$u_n < \alpha^n, \quad u_{n+1} < \alpha^{n+1}, \quad u_{n+2} < \alpha^{n+2}, \quad \ldots;$$

donc la série est convergente (Théor. III).

Dans le second cas, les termes de la série pourront être rendus constamment plus grands que ceux d'une progression croissante; donc, etc.

17. **Application.** *La série*

$$\frac{a+1}{a}x + \left(\frac{a+2}{a+1}x\right)^2 + \left(\frac{a+3}{a+2}x\right)^3 + \ldots + \left(\frac{a+n}{a+n-1}x\right)^n + \ldots$$

est convergente ou divergente, suivant que x *est, en valeur absolue, inférieur ou supérieur à l'unité* (*).

On a effectivement

$$\lim \sqrt[n]{u_n} = x.$$

18. **Théorème VII.** *Si les termes décroissent indéfiniment, et qu'ils soient alternativement positifs et négatifs, la série est convergente.*

Démonstration. Soit la série

$$u_1 - u_2 + u_3 - u_4 + \ldots + u_{n-1} - u_n + u_{n+1} - \ldots,$$

dans laquelle nous supposons

$$u_1 > u_2 > u_3 > \ldots > u_{n-1} > u_n > u_{n+1} > \ldots > 0 \; (^{**}),$$

et, en outre,

$$\lim u_n = 0.$$

(*) On suppose a positif, ou au moins négatif non entier.

(**) Si les premiers termes ne satisfaisaient pas à ces conditions, on représenterait par u_1 le terme à partir duquel, *la série devenant régulière,* elles sont vérifiées. Par exemple, dans le cas de la série

$$1 - \frac{10}{1} + \frac{10^2}{1.2} - \frac{10^3}{1.2.3} + \ldots$$

citée plus haut (5), on ferait

$$u_1 = \frac{10^{10}}{1.2.3\ldots10}, \quad u_2 = \frac{10^{11}}{1.2.3\ldots11} = \frac{10}{11}u_1, \quad u_3 = \frac{10^2}{11.12}u_1, \quad \text{etc.}$$

Si, pour fixer les idées, nous supposons n *pair*, nous aurons :

$$S_1 = u_1,$$
$$S_2 = u_1 - u_2,$$
$$S_3 = (u_1 - u_2) + u_3 = u_1 - (u_2 - u_3),$$
$$S_4 = (u_1 - u_2) + (u_3 - u_4) = u_1 - (u_2 - u_3) - u_4,$$
$$\cdots\cdots\cdots\cdots\cdots\cdots\cdots\cdots$$
$$S_n = (u_1 - u_2) + (u_2 - u_3) + \ldots + (u_{n-1} - u_n),$$
$$= u_1 - (u_2 - u_3) - (u_4 - u_5) - \ldots - (u_{n-2} - u_{n-1}) - u_n.$$

Ainsi, les sommes de rang impair vont en diminuant, et les autres vont en augmentant. D'ailleurs, la différence

$$S_{n-1} - S_n = u_n$$

a pour limite zéro ; donc *ces diverses sommes ont une limite commune S, comprise entre deux sommes consécutives quelconques.*

19. *Remarques.* I. Si les termes, alternativement positifs et négatifs, et *décroissants*, tendaient vers une limite λ différente de zéro, la série serait *indéterminée*. En effet, les sommes S_1, S_3, S_5, ... S_{n-1} iraient encore en diminuant, et les sommes S_2, S_4, ..., S_n, *respectivement moindres que les premières*, iraient encore en augmentant ; en sorte que les unes et les autres auraient des limites. Mais, à cause de $\lim u_n = \lim (S_{n-1} - S_n) = \lambda$,

on aurait $\qquad\qquad \lim S_{n-1} - \lim S_n = \lambda.$

Ainsi, *la limite des sommes de rang impair serait égale à la limite des sommes de rang pair, augmentée de λ* (*).

(*) Soit la série

$$\frac{2}{1} - \frac{3}{2} + \frac{4}{3} - \frac{5}{4} + \ldots + \frac{2n}{2n-1} - \frac{2n+1}{2n} + \ldots ;$$

auquel cas $\qquad\qquad \lim u_n = 1.$

On a

$$S_n = \left(\frac{2}{1} - \frac{3}{2}\right) + \left(\frac{4}{3} - \frac{5}{4}\right) + \ldots + \left(\frac{2n}{2n-1} - \frac{2n+1}{2n}\right)$$
$$= \frac{1}{1.2} + \frac{1}{3.4} + \ldots + \frac{1}{(2n-1)\,2n}$$
$$= 1 - \frac{1}{2} + \frac{1}{3} - \frac{1}{4} + \ldots + \frac{1}{2n-1} - \frac{1}{2n} ;$$

donc $\qquad\qquad \lim S_n = l\,2.$

20. Théorème VIII. *Les mêmes choses étant posées que dans le Théorème VII, l'erreur ε que l'on commet en prenant la somme S_n, au lieu de sa limite S, est inférieure au terme u_{n+1} qui suit celui auquel on s'arrête.*

Démonstration. 1° Si n est pair, on a

$$S_n < S < S_{n+1};$$

d'où

$$S - S_n < S_{n+1} - S_n,$$

c'est-à-dire

$$\varepsilon < u_{n+1}.$$

2° n étant impair, on a

$$S_n > S > S_{n+1};$$

puis

$$S_n - S < S_n - S_{n+1};$$

et enfin

$$\varepsilon < u_{n+1}.$$

21. *Remarque.* L'erreur ε, prise positivement ou négativement, suivant que n est pair ou impair, est égale au reste R_n de la série.

22. Théorème IX. *Une série composée de termes positifs et de termes négatifs est convergente si les groupes successifs, formés par des termes de même signe, diminuent indéfiniment.*

Démonstration. Supposons que la série se compose d'un certain nombre de termes positifs, suivis d'un certain nombre de termes négatifs, suivis, à leur tour, d'un certain nombre de termes positifs, etc. Représentons par g_1 la somme des termes formant le premier groupe, par $-g_2$ la somme des termes formant le deuxième groupe, etc. Le terme général u_n appartient à un certain groupe g_i; par conséquent, la somme S_n est comprise entre

$$g_1 - g_2 + g_3 - \ldots \pm g_{i-1}$$

et

$$g_1 - g_2 + g_3 - \ldots \pm g_{i-1} \mp g_i.$$

D'un autre côté,

$$S_{n-1} = \frac{2}{1} - \left(\frac{3}{2} - \frac{4}{3}\right) - \left(\frac{5}{4} - \frac{6}{5}\right) - \ldots - \left(\frac{2n-1}{2n-2} - \frac{2n}{2n-1}\right)$$

$$= 2 - \left[\frac{1}{2.3} + \frac{1}{4.5} + \ldots + \frac{1}{(2n-2)(2n-1)}\right]$$

$$= 2 - \left[\frac{1}{2} - \frac{1}{3} + \frac{1}{4} - \ldots + \frac{1}{2n-2} - \frac{1}{2n-1}\right];$$

donc

$$\lim S_{n-1} = 2 - (1 - l\,2),$$

ou

$$\lim S_{n-1} = 1 + \lim S_n.$$

D'après le Théorème VII, ces deux sommes ont une limite commune S. Donc aussi

$$lim\, S_n = S.$$

23. APPLICATION. *La série*

$$1 - \frac{1}{2} - \frac{1}{3} + \frac{1}{4} + \frac{1}{5} + \frac{1}{6} - \frac{1}{7} - \frac{1}{8} - \frac{1}{9} - \frac{1}{10} + \dots$$

est convergente.

En effet :

1° De

$$g_1 = 1, \quad g_2 = \frac{1}{2} + \frac{1}{3}, \quad g_3 = \frac{1}{4} + \frac{1}{5} + \frac{1}{6},$$

$$\dots \dots \dots \dots \dots \dots \dots \dots \dots$$

$$g_i = \frac{1}{\frac{i(i-1)}{2}+1} + \frac{1}{\frac{i(i-1)}{2}+2} + \dots + \frac{1}{\frac{i(i+1)}{2}},$$

on conclut

$$g_i < \frac{i}{\frac{i(i-1)}{2}+1},$$

puis

$$lim\, g_i = 0.$$

2°

$$g_i - g_{i+1} = \left[\frac{2}{(i^2-i+2)} - \frac{2}{(i^2+i+2)}\right] + \dots + \left[\frac{2}{i^2+i} - \frac{2}{i^2+3i}\right] - \frac{2}{(i+1)(i+2)}$$

$$= 4i\left\{\frac{1}{(i^2-i+2)(i^2+i+2)} + \dots + \frac{1}{(i^2-i)(i^2+3i)}\right\} - \frac{2}{(i+1)(i+2)};$$

donc

$$g_i - g_{i+1} > \frac{4}{(i+1)(i+3)} - \frac{2}{(i+1)(i+2)};$$

ou

$$g_i - g_{i+1} > \frac{2}{(i+2)(i+3)},$$

quantité positive.

24. THÉORÈME X. *Les mêmes choses étant posées que dans le Théorème IX, l'erreur que l'on commet en prenant la somme des i premiers groupes, au lieu de sa limite S, est inférieure au groupe de rang* i+1.

La démonstration est semblable à celle du Théorème VIII.

25. LEMME I. *Si* f(x) *est une fonction positive et croissante, dont la dérivée soit décroissante, on a*

$$f(x+h) - f(x) < hf'(x) \quad (1),$$
$$f(x) - f(x-h) > hf'(x) \quad (2).$$

Ces deux inégalités, qui deviennent évidentes au moyen d'une figure, peuvent aussi se démontrer comme il suit :

Soient

$$\varphi(h)=f(x+h)-f(x)-hf'(x), \quad \psi(h)=f(x)-f(x-h)-hf'(x);$$

d'où

$$\varphi'(h)=f'(x+h)-f'(x), \qquad \psi'(h)=f'(x-h)-f'(x).$$

D'après la seconde hypothèse,

$$\varphi'(h)<0, \qquad\qquad \psi'(h)>0.$$

La fonction $\varphi(h)$, ayant une dérivée *négative*, est *décroissante*. D'ailleurs, elle s'annule avec h; donc, etc.

26. LEMME II. *Soit* $f(x)$ *une fonction positive et indéfiniment décroissante, du moins à partir de* $x=a-1$; *soit* $F(x)$ *la fonction primitive de* $f(x)$. *On a*

$$f(a)+f(a+1)+\ldots+f(a+n-1)>F(a+n)-F(a) \qquad (3),$$
$$f(a)+f(a+1)+\ldots+f(a+n-1)<F(a+n-1)-F(a-1) \quad (4).$$

Les inégalités (1) et (2) donnent

$$f(x+nh)-f(x)<h[f'(x)+f'(x+h)+\ldots+f'(x+\overline{n-1}h)],$$
$$f(x+\overline{n-1}h)-f(x-h)>h[f'(x)+f'(x+h)+\ldots+f'(x+\overline{n-1}h)].$$

Remplaçant f par F, f' par f, x par a, et h par 1, on a les inégalités (3), (4).

27. *Remarques.* I. Ce second lemme est évident à l'inspection de la figure ci-contre (*).

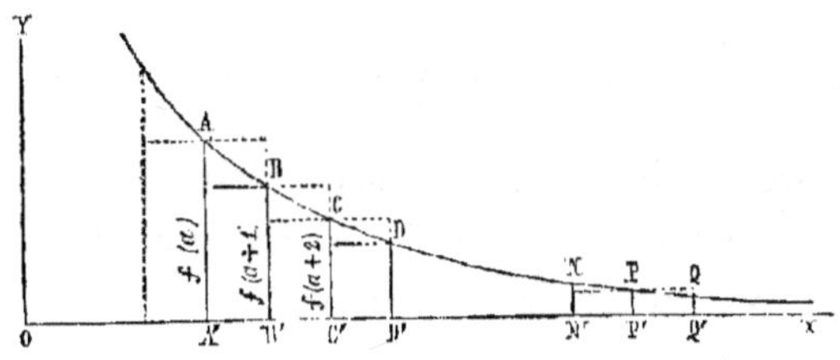

(*) Cette méthode très-simple a été employée par M. L. Olivier (*Journal de Crelle*, t. II).

II. Si $F(x)$ devient infinie pour $x = a - 1$, on remplace l'inégalité (4) par celle-ci :

$$f(a+1) + f(a+2) + \ldots + f(a+n) < F(a+n) - F(a),$$

qui équivaut à

$$f(a) + f(a+1) + \ldots + f(a+n-1) < F(a+n) - F(a) - f(a+n) + f(a) \quad (5).$$

28. THÉORÈME XI (Théorème de Cauchy). *Si* f(x) *est une fonction positive et indéfiniment décroissante, la série*

$$f(a) + f(a+1) + \ldots + f(a+n-1) + \ldots$$

est convergente ou divergente en même temps que la fonction primitive F(x) (*).

Ce théorème est évidemment contenu dans le Lemme II.

29. COROLLAIRE (**). *Les séries*

$$1 + \frac{1}{2^{1+k}} + \frac{1}{3^{1+k}} + \ldots + \frac{1}{n^{1+k}} + \ldots,$$

$$\frac{1}{2(l2)^{1+k}} + \frac{1}{3(l3)^{1+k}} + \ldots + \frac{1}{(n+1)\lfloor l(n+1)\rfloor^{1+k}} + \ldots,$$

$$\frac{1}{3l3(ll3)^{1+k}} + \ldots + \frac{1}{(n+2)l(n+2)\lfloor ll(n+2)\rfloor^{1+k}} + \ldots,$$

$$\cdots \cdots \cdots \cdots \cdots \cdots \cdots \cdots$$

sont convergentes lorsque k *est positif, divergentes si* k *est nul ou négatif.*

Démonstration. 1° Si l'on suppose

$$f(x) = \frac{1}{x^{1+k}}, \quad f(x) = \frac{1}{x(lx)^{1+k}}, \quad f(x) = \frac{1}{x\,lx(llx)^{1+k}}, \quad \ldots,$$

on a

$$F(x) = C - \frac{1}{kx^k}, \quad F(x) = C - \frac{1}{k(lx)^k}, \quad F(x) = C - \frac{1}{k(llx)^k}, \quad \ldots;$$

et ces diverses fonctions primitives sont convergentes ou divergentes, selon que la constante k est positive ou négative. Il en est donc de même des séries correspondantes (Théor. XI).

(*) Pour abréger, nous disons qu'une fonction de x est *convergente*, lorsque, x croissant indéfiniment, elle tend vers une limite. Au contraire, une fonction *divergente* est celle qui devient infinie avec la variable.

(**) Dû à M. Bertrand (*Journal de Liouville*, t. VII).

2º Soit

$$f(x)=\frac{1}{x}, \qquad f(x)=\frac{1}{xlx}, \qquad f(x)=\frac{1}{xlxllx}, \qquad \ldots;$$

alors

$$F(x)=C+lx, \quad F(x)=C+llx, \quad F(x)=C+lllx, \quad \ldots; \text{ etc.}$$

30. THÉORÈME XII. 1º *Une série composée de termes positifs et indéfiniment décroissants est* DIVERGENTE *si, à partir d'une certaine valeur de* n, *on a constamment*

$$u_n > \frac{\delta}{n}, \quad \text{ou } u_n > \frac{\delta}{nln}, \quad \text{ou } u_n > \frac{\delta}{nlnlln}, \quad \text{ou, etc.,}$$

δ *étant une constante positive;*

2° *La série est* CONVERGENTE *si, à partir d'une certaine valeur de* n, *on a constamment*

$$u_n < \frac{\delta}{n^{1+k}}, \quad \text{ou } u_n < \frac{\delta}{n(ln)^{1+k}}, \quad \text{ou } u_n < \frac{\delta}{nln(lln)^{1+k}}, \quad \text{ou, etc.,}$$

δ *et* k *étant des constantes positives.*

Ce théorème résulte immédiatement du corollaire qui précède, joint au Théorème X.

31. THÉORÈME XIII. *Les conditions de convergence de toute série à termes positifs et indéfiniment décroissants sont comprises dans le tableau suivant :*

CONDITIONS	
NÉCESSAIRES.	SUFFISANTES.
$lim\ nu_n = 0,$	$lim\ nu_n . n^k = A,$
$lim\ nlnu_n = 0,$	$lim\ nlnu_n(ln)^k = B,$
$lim\ nln(lln)u_n = 0,$	$lim\ nlnllnu_n(lln)^k = C,$
$\cdots$	$\cdots$

Démonstration. Les conditions nécessaires n'exigent aucune explication : elles résultent du corollaire ci-dessus (**29**). Relativement aux conditions suffisantes, il suffit de faire observer que si le produit

$nu_n n^k$ tend vers une limite A, lorsque n augmente indéfiniment, on a

$$u_n < \frac{A+\alpha}{n^{1+k}};$$

donc la série est convergente (Théor. XII, 2°) ; etc.

32. Remarques. I. L'application des règles qui résultent de ce tableau permettra toujours de savoir si la série à laquelle on les applique est convergente ou divergente; c'est-à-dire que l'on n'aura pas, *indéfiniment.*

$$\frac{1}{n} > u_n > \frac{1}{n^{1+k}}, \quad \frac{1}{nln} > u_n > \frac{1}{n(ln)^{1+k}}, \quad \frac{1}{nlnlln} > u_n > \frac{1}{nln(lln)^{1+k}}, \quad \ldots \ldots \text{(*)}.$$

En effet, quelle que soit la valeur attribuée à n, les fonctions ln, lln, $llln$, ... finissent par devenir imaginaires (**).

II. Si l'on considère les équations

$$y = \frac{1}{x}, \quad y = \frac{1}{xlx}, \quad y = \frac{1}{xlx(llx)}, \quad y = \frac{1}{xlx'llx)(lllx)}, \quad \ldots \ldots$$

et les courbes qu'elles représentent, on voit que les ordonnées de ces lignes sont *positives, finies* et *continues* à partir de

$$x = 0, \quad x = 1, \quad x = e, \quad x = e^e, \quad \ldots \ldots$$

De plus, les points d'intersection de deux courbes consécutives ont pour coordonnées :

$$x = e, \quad\Big|\quad x = e^e, \quad\Big|\quad x = e^{e^e}, \quad\Big|\quad x = e^{e^{e^e}}, \quad\Big| \quad \ldots \ldots$$
$$y = e^{-1}, \quad\Big|\quad y = e^{-(1+e)} \;; \quad\Big|\quad y = e^{-(1+e+e^e)} \;; \quad\Big|\quad y = e^{-\left(1+e+e^e+e^{e^e}\right)} \;;\Big|$$

(*) Nous supposons, pour plus de simplicité, que tous les termes de la série ont été multipliés par un facteur choisi de manière à rendre égaux à l'unité les numérateurs des fractions de la forme $\frac{\delta}{n}, \frac{\delta}{nln}, \frac{\delta}{nlnlln}, \ldots$

(**) Faute d'avoir fait cette remarque, un géomètre a pensé qu'une série peut avoir pour terme général $\dfrac{1}{nln\,(lln)\,(llln)\ldots}$, le nombre des facteurs du dénominateur étant infini, et que « *le cas de cette série (dont tous les termes seraient imaginaires!) est en quelque sorte le point de jonction des séries convergentes et des séries divergentes.* »

33. Applications. I. *La série*

$$1+\frac{1}{\sqrt{2^3}}+\frac{1}{\sqrt[3]{3^4}}+\ldots\ldots+\frac{1}{\sqrt[n]{n^{n+1}}}+\ldots\ldots$$

est divergente.

En effet, $$\lim nu_n=\lim\frac{1}{\sqrt[n]{n}}=1.$$

II. *La série*

$$\frac{1}{2^{a+\alpha}}+\frac{2^a}{3^{a+\alpha}}+\frac{3^a}{4^{a+\alpha}}+\ldots+\frac{n^a}{(n+1)^{a+\alpha}}+\ldots$$

est convergente ou divergente, suivant que α surpasse ou ne surpasse pas l'unité.

En premier lieu,

$$\lim nu_n=\lim\frac{n^{a+1}}{(n+1)^{a+\alpha}}=\lim\left[\left(\frac{n}{n+1}\right)^{a+1}\frac{1}{(n+1)^{\alpha-1}}\right]=\lim\frac{1}{(n+1)^{\alpha-1}}.$$

Pour que cette dernière limite soit zéro, α doit surpasser l'unité.

D'un autre côté,

$$\lim nu_n.n^k=\lim\frac{1}{n^{\alpha-1-k}}=0,$$

si, α étant plus grand que l'unité, on prend $k<\alpha-1$. Les deux premières conditions (31) étant vérifiées, la série est donc convergente (*).

III. *La série*

$$\left(\frac{l3}{l2}-1\right)+\left(\frac{l4}{l3}-1\right)+\ldots\ldots+\left(\frac{l(n+2)}{l(n+1)}-1\right)+\ldots\ldots$$

est divergente.

1° $$nu_n=n\frac{l\left(1+\frac{1}{n+1}\right)}{l(n+1)}=\frac{n}{n+1}\,\frac{l\left(1+\frac{1}{n+1}\right)^{n+1}}{l(n+1)};$$

puis, à cause de $$\lim\left(1+\frac{n}{n+1}\right)^{n+1}=e,$$

$$\lim nu_n=0.$$

2° $$nu_n.n^k=\frac{n}{n+1}\cdot\frac{n^k}{l(n+1)}\,l\left(1+\frac{1}{n+1}\right)^{n+1}=\infty \text{ pour } n=\infty.$$

(*) Ces deux exemples sont tirés du mémoire de M. Bertrand

$$3^o \quad \lim n \, ln . u_n = \lim \frac{n}{n+1} . \lim \frac{ln}{l(n+1)} = \mathbf{1}.$$

IV. *La série*

$$\left(\frac{ll3}{ll2}-1\right)^{1+\alpha} + \left(\frac{ll4}{ll3}-1\right)^{1+\alpha} + \ldots + \left(\frac{ll(n+2)}{ll(n+1)}-1\right)^{1+\alpha} + \ldots$$

est convergente si α est positif, divergente si α est nul ou négatif.

1° On peut écrire

$$u_n = \left[\frac{l \frac{l(n+2)}{l(n+1)}}{ll(n+1)}\right]^{1+\alpha}.$$

Cette quantité a pour limite zéro, si $1+\alpha$ est positif.

$$2^o \qquad \frac{l(n+2)}{l(n+1)} = 1 + \frac{l\left(1+\frac{1}{n+1}\right)}{l(n+1)} = 1 + \frac{1}{p},$$

en posant

$$p = \frac{l(n+1)}{l\left(1+\frac{1}{n+1}\right)}.$$

Par suite,

$$nu_n = n\left[\frac{l\left(1+\frac{1}{p}\right)}{ll(n+1)}\right]^{1+\alpha} = \frac{n}{p^{1+\alpha}}\left[\frac{l\left(1+\frac{1}{p}\right)^p}{ll(n+1)}\right]^{1+\alpha} = n\left[l\left(1+\frac{1}{n+1}\right)\right]^{1+\alpha}\left[\frac{l\left(1+\frac{1}{p}\right)^p}{l(n+1).ll(n+1)}\right]^{1+\alpha}$$

$$= \frac{n}{(n+1)^{1+\alpha}}\left[l\left(1+\frac{1}{n+1}\right)^{n+1}\right]^{1+\alpha}\left[\frac{l\left(1+\frac{1}{p}\right)^p}{l(n+1).ll(n+1)}\right]^{1+\alpha};$$

puis

$$\lim nu_n = 0.$$

$$3^o \quad nu_n . n^k = \frac{n^{1+k}}{(n+1)^{1+\alpha}}\left[l\left(1+\frac{1}{n+1}\right)^{n+1}\right]^{1+\alpha}\left[\frac{l\left(1+\frac{1}{p}\right)^p}{l(n+1).ll(n+1)}\right]^{1+\alpha}.$$

Si la quantité α est positive, et que l'on prenne $k = \alpha$, on a

$$\lim nu_n . n^k = \mathbf{1};$$

donc *la série est convergente.*

4° Soit $\alpha = 0$. Alors

$$nu_n . n^k = \frac{n^{1+k}}{n+1} l\left(1+\frac{1}{n+1}\right)^{n+1} . \frac{l\left(1+\frac{1}{p}\right)^p}{l(n+1).ll(n+1)},$$

et cette quantité croît indéfiniment avec n (*) : il y a donc incertitude sur la nature de la série. Mais

$$nlnlln.u_n = \frac{n}{n+1}\,\frac{ln}{l(n+1)}\,\frac{lln}{ll(n+1)}\,l\left(1+\frac{1}{n+1}\right)^{n+1}l\left(1+\frac{1}{p}\right)^{p};$$

donc

$$lim\ nlnlln.u_n = 1 :$$

la série est divergente (**).

5° Elle l'est, à plus forte raison, si α est négatif.

Autres règles de convergence.

34. Les règles précédentes deviennent peu commodes lorsque le terme général, u_n, est un produit dans lequel le nombre des facteurs croît indéfiniment avec n. Quand cette circonstance se présente, on peut recourir à de nouvelles règles (***), qui résultent des propositions suivantes.

35. LEMME I. *Les séries*

$$1+\frac{1}{2^{1+k}}+\frac{1}{3^{1+k}}+\ \ldots\ldots\ +\frac{1}{n^{1+k}}+\ldots\ldots,$$

$$\frac{1}{2(l2)^{1+k}}+\frac{1}{3(l3)^{1+k}}+\ \ldots\ldots\ +\frac{1}{(n+1)[l(n+1)]^{1+k}}+\ldots\ldots,$$

$$\frac{1}{3\,l3\,(ll3)^{1+k}}+\ \ldots\ldots\ +\frac{1}{(n+2)l(n+2)[ll(n+2)]^{1+k}}+\ldots\ldots,$$

$$\ldots\ldots\ldots\ldots\ldots\ldots\ldots\ldots\ldots\ldots\ldots\ldots\ldots$$

sont convergentes si k *est positif, divergentes si* k *est nul ou négatif* (29).

(*) En effet, si l'on pose $n+1=e^z$, on trouve

$$nu_n.n^k = \left(\frac{1}{n+1}\right)^{1+k}l\left(1+\frac{1}{n+1}\right)^{n+1}l\left(1+\frac{1}{p}\right)^{p}\frac{e^{kz}}{z^{k}};$$

les trois premiers facteurs ont pour limite l'unité, le quatrième devient infini avec z; etc.

(**) L'*incertitude* ne cesserait pas si l'on appliquait la *deuxième condition nécessaire* et la *deuxième condition suffisante* (Théor. XIII); c'est pourquoi nous avons cherché immédiatement la limite de $nlnlln.u_n$.

(***) Ces *nouvelles règles* ne diffèrent pas, au fond, de celles qui ont été données, soit par M. Bertrand (*Journal de Liouville*, t. VII), soit par M. Paucker (*Journal de Crelle*, t. XLII).

36. LEMME II. *Les quantités*

$$A = (n+1)\left(\frac{n}{n+1}\right)^{1+k} - n,$$

$$B = (n+2)\,l(n+2)\left[\frac{n+1}{n+2}\left(\frac{l(n+1)}{l(n+2)}\right)^{1+k}\right] - (n+1)\,l(n+1),$$

$$C = (n+3)\,l(n+3)\,ll(n+3)\left[\frac{n+2}{n+3}\frac{l(n+2)}{l(n+3)}\left(\frac{ll(n+2)}{ll(n+3)}\right)^{1+k}\right] - (n+2)\,l(n+2)\,ll(n+2),$$

$$\cdots\cdots\cdots\cdots\cdots\cdots\cdots\cdots\cdots\cdots\cdots\cdots\cdots$$

dans lesquelles k *est supposé compris entre* 0 *et* 1, *tendent vers* $(-k)$. *lorsque* n *croît indéfiniment.*

$$1° \qquad\qquad A = n\left[\left(\frac{n}{n+1}\right)^{k} - 1\right].$$

Soit
$$\frac{n}{n+1} = 1 - \frac{1}{x};$$

d'où
$$\frac{1}{x} = \frac{1}{n+1}.$$

On tire de là

$$\left(\frac{n}{n+1}\right)^{k} < 1 - k\,\frac{1}{n+1}, \qquad \left(\frac{n}{n+1}\right)^{k} > 1 - k\,\frac{1}{n+1} + \frac{k(k-1)}{2}\frac{1}{(n+1)^2}\left(\frac{n+1}{n}\right)^{2-k} \quad (*).$$

puis

$$A < -k\,\frac{n}{n+1}, \qquad A > -k\,\frac{n}{n+1} + \frac{k(k-1)}{2}\frac{n}{(n+1)^2}\left(\frac{n+1}{n}\right)^{2-k};$$

et enfin
$$lim\,A = -k.$$

$$2° \qquad\qquad B = (n+1)\,l(n+1)\left[\left(\frac{l(n+1)}{l(n+2)}\right)^{k} - 1\right].$$

Soit
$$\frac{l(n+1)}{l(n+2)} = \frac{p}{p+1} \quad(**);$$

d'où
$$l(n+1) = pl\left(1 + \frac{1}{n+1}\right);$$

(*) Pour abréger, nous admettons les deux inégalités

$$(1-z)^{k} < 1 - kz, \qquad (1-z)^{k} > 1 - kz + \frac{k(k-1)}{2}z^2\frac{1}{(1-z)^{2-k}},$$

dont la démonstration est facile.

(**) Cette transformation est admissible; car à toute valeur de n correspond une valeur de p. En outre, ces deux quantités deviennent, simultanément, nulles et infinies.

puis
$$B = l\left(1+\frac{1}{n+1}\right)^{n+1} p\left[\left(\frac{p}{p+1}\right)^k - 1\right],$$

et enfin (*)
$$lim\, B = -k.$$

3°
$$C = (n+2)\, l(n+2)\, ll(n+2)\left[\left(\frac{ll\overline{n+2}}{ll\overline{n+3}}\right)^k - 1\right].$$

Soit
$$\frac{ll(n+2)}{ll(n+3)} = \frac{q}{q+1};$$

d'où
$$ll(n+2) = q\, l\frac{l(n+3)}{l(n+2)}.$$

Soit encore
$$\frac{l(n+3)}{l(n+2)} = \frac{p+1}{p};$$

d'où
$$l(n+2) = p\, l\left(1+\frac{1}{n+2}\right).$$

Ces valeurs donnent
$$C = l\left(1+\frac{1}{n+2}\right)^{n+2}\cdot l\left(1+\frac{1}{p}\right)^p\cdot q\left[\left(\frac{q}{q+1}\right)^k - 1\right],$$

puis
$$lim\, C = -k;$$

etc. (**).

57. Théorème XIV. *Une série composée de termes positifs* **est convergente ou divergente,** *suivant que la première des quantités*

$$lim\left[(n+1)\frac{u_{n+1}}{u_n} - n\right],$$

$$lim\left[(n+1)\, l(n+1)\frac{u_{n+1}}{u_n} - nln\right],$$

$$lim\left[(n+1)\, l(n+1)\, ll(n+1)\frac{u_{n+1}}{u_n} - nlnlln\right], \quad \ldots\ldots$$

qui n'est pas nulle, est négative ou positive.

Supposons, pour fixer les idées, que l'on ait constamment, à partir d'une certaine valeur de n,

$$(n+1)\frac{u_{n+1}}{u_n} - n < -\gamma,$$

(*) A cause de $\quad lim\left(1+\frac{1}{n+1}\right)^{n+1} = e.$

(**) Il ne serait pas difficile, au moyen d'un raisonnement commun, de faire voir que la proposition énoncée est générale.

γ étant positif. D'après la relation

$$\lim \left[(n+1) \left(\frac{n}{n+1} \right)^{1+k} - n \right] = -k.$$

démontrée ci-dessus, on peut toujours assigner une valeur positive de k, inférieure à γ, telle que l'on ait, à partir de la même valeur de n,

$$(n+1) \frac{u_{n+1}}{u_n} - n < (n+1) \left(\frac{n}{n+1} \right)^{1+k} - n,$$

ou

$$\frac{u_{n+1}}{u_n} < \left(\frac{n}{n+1} \right)^{1+k}.$$

Mais, s'il en est ainsi, les termes de la série proposée décroissent plus rapidement que ceux de la série convergente

$$1 + \frac{1}{2^{1+k}} + \frac{1}{3^{1+k}} + \ldots + \frac{1}{n^{1+k}} + \ldots;$$

donc la première série est convergente.

La même démonstration est évidemment applicable à tous les cas (*).

58. *Remarques.* 1. Si l'on pose

$$r_0 = \frac{u_{n+1}}{u_n} - 1,$$

$$r_1 = 1 + r_0 (n+1),$$

$$r_2 = nl \frac{n+1}{n} + r_1 l(n+1),$$

$$r_3 = nlnl \frac{l(n+1)}{ln} + r_2 ll(n+1), \quad \ldots$$

$$\cdot \ \cdot \ \cdot \ \cdot \ \cdot \ \cdot \ \cdot \ \cdot \ \cdot \ \cdot \ \cdot \ \cdot \ \cdot$$

on pourra modifier ainsi l'énoncé précédent :

(*) Si le lecteur éprouvait quelque difficulté à comparer les binômes

$$(n+1) l(n+1) \frac{u_{n+1}}{u_n} - nln, \quad (n+2) l(n+2) \left[\frac{n+1}{n+2} \left(\frac{ln+1}{ln+2} \right)^{1+k} \right] - (n+1) l(n+1) = \mathrm{R},$$

il pourrait remplacer celui-ci par

$$(n+1) l(n+1) \left[\frac{n+1}{n+2} \left(\frac{ln+1}{ln+2} \right)^{1+k} \right] - nln,$$

En effet, cette dernière quantité a la même limite que R. Cette remarque subsiste pour les autres binômes.

Une série composée de termes positifs est convergente ou divergente, suivant que la première des quantités

$$\lim r_0, \quad \lim r_1, \quad \lim r_2, \quad \lim r_3, \quad \ldots\ldots,$$

qui n'est pas nulle, est négative ou positive.

II. D'après le lemme II,

$$\lim nl\,\frac{n+1}{n}=1, \quad \lim nlnl\,\frac{l(n+1)}{ln}=1, \quad \lim nlnllnl\,\frac{ll(n+1)}{lln}=1, \quad \ldots\ldots;$$

donc

$$\lim r_2=1+\lim\left[r_1 l(n+1)\right], \quad \lim r_3=1+\lim\left[r_2 ll(n+1)\right].$$

39. Applications. I. *Les séries dont les termes généraux sont*

$$\frac{1}{n}\left(1-\frac{k}{1}\right)\left(1-\frac{k}{2}\right)\ldots\ldots\left(1-\frac{k}{n}\right),$$

$$\frac{1}{(n+1)\,l(n+1)}\left(1-\frac{k}{2l2}\right)\left(1-\frac{k}{3l3}\right)\ldots\ldots\left(1-\frac{k}{n+1\,l\,n+1}\right),$$

$$\frac{1}{(n+2)\,l(n+2)\,ll(n+1)}\left(1-\frac{k}{3l3ll3}\right)\left(1-\frac{k}{4l4ll4}\right)\ldots\ldots\left(\frac{k}{n+2\,l\,n+2\,ll\,n+2}\right),$$

. . . .

sont convergentes si k est positif. Dans le cas contraire, elles sont divergentes.

D'après ce que l'on a vu précédemment (29), il suffit de considérer la première hypothèse (*).

Or, pour la première série,

$$r_1=(n+1)\,\frac{n}{n+1}\left(1-\frac{k}{n+1}\right)-n=-\frac{n}{n+1}\,k;$$

$$\lim r_1=-k.$$

Pour la deuxième,

$$r_2=(n+2)l(n+2)\,\frac{(n+1)l(n+1)}{(n+2)l(n+2)}\left[1-\frac{k}{(n+2)l(n+2)}\right]-(n+1)l(n+1)=-\frac{(n+1)l(n+1)}{(n+2)l(n+2)}\,k;$$

<hr>

(*) En effet, si l'on suppose $k=0$, on obtient les séries divergentes

$$1+\frac{1}{2}+\frac{1}{3}+\frac{1}{4}+\ldots\ldots+\frac{1}{n}+\ldots\ldots,$$

$$\frac{1}{2l2}+\frac{1}{3l3}+\frac{1}{4l4}+\ldots\ldots+\frac{1}{(n+1)l(n+1)}+\ldots\ldots.$$

. . . .

Si k est négatif, le terme général de chaque série n'a pas pour limite zéro; etc.

donc
$$\lim r_2 = -k \; (*) ;$$

etc.

II. *La série*

$$\frac{1}{(1+\operatorname{tg} a)} + \frac{1}{(1+\operatorname{tg} a)\left(1+\operatorname{tg} \frac{a}{2}\right)} + \ldots + \frac{1}{(1+\operatorname{tg} a)\left(1+\operatorname{tg} \frac{a}{2}\right)\ldots\left(1+\operatorname{tg} \frac{a}{n}\right)} + \ldots$$

dans laquelle a est un arc positif, moindre que $\frac{\pi}{2}$, est convergente ou divergente, suivant que cet arc surpasse ou ne surpasse pas l'unité.

1° On a

$$r_1 = \frac{n+1}{1+\operatorname{tg}\frac{a}{n+1}} - n = \frac{1 - n \operatorname{tg}\frac{a}{n+1}}{1+\operatorname{tg}\frac{a}{n+1}} = \frac{1 - \frac{n}{n+1} a \cdot \frac{n+1}{a} \operatorname{tg}\frac{a}{n+1}}{1+\operatorname{tg}\frac{a}{n+1}} ;$$

donc
$$\lim r_1 = 1 - a.$$

Si *a* surpasse l'unité, cette limite est négative, et *la série est convergente.*

2° Si $a = 1$, $\lim r_1 = 0$. Mais, dans ce cas,

$$r_1 \, l(n+1) = \frac{\left| 1 - n \operatorname{tg}\frac{1}{n+1} \right| l(n+1)}{1+\operatorname{tg}\frac{1}{n+1}} .$$

La limite du dénominateur étant l'unité, il suffit de considérer le numérateur. Or, à cause de

$$\operatorname{tg} x > x, \quad \operatorname{tg} x < \frac{x}{1-\frac{1}{3}x^2} \; (**),$$

on a
$$1 - n \operatorname{tg}\frac{1}{1+n} < \frac{1}{n+1}, \quad 1 - n \operatorname{tg}\frac{1}{n+1} > \frac{2(n+1)-1}{2(n+1)^2-1}.$$

Sans qu'il soit besoin d'aller plus loin, on voit que

$$\lim \left| 1 - n \operatorname{tg}\frac{1}{n+1} \right| l(n+1) = 0 ;$$

(*) Pour simplifier le calcul, nous modifions la règle, de la manière indiquée ci-dessus (37, note).

(**) La seconde inégalité est une conséquence des relations
$$\sin x < x, \quad \cos x > 1 - \frac{1}{2} x^2.$$

donc $$\lim r_2 = 1 :$$

la série est divergente.

III. *Discuter la série*

$$1 + \frac{a+c}{b+c} \cdot \frac{a'+c'}{b'+c'} + \frac{(a+c)(2a+c)}{(b+c)(2b+c)} \cdot \frac{(a'+c')(2a'+c')}{(b'+c')(2b'+c')} + \ldots \ldots$$

$$\ldots \ldots + \frac{(a+c)(2a+c)\ldots\ldots(\overline{n-1}\,a+c)}{(b+c)(2b+c)\ldots\ldots(\overline{n-1}\,b+c)} \frac{(a'+c')(2a'+c')\ldots\ldots(\overline{n-1}\,a'+c')}{(b'+c')(2b'+c')\ldots\ldots(\overline{n-1}\,b'+c')} + \ldots\ldots$$

$$1° \quad r_0 = \frac{u_{n+1}}{u_n} - 1 = \frac{na+c}{nb+c} \cdot \frac{na'+c'}{nb'+c'} - 1 = \frac{(aa'-bb')n^2 + (ac'+ca'-bc'-cb')n}{bb'n^2 + (bc'+cb')n+cc'}$$

2° Si $aa' - bb'$ est différent de zéro,

$$\lim r_0 = \frac{aa'-bb'}{bb'}.$$

Suivant que cette quantité est *négative* ou *positive*, la série est convergente ou *divergente*.

3° Si $aa' = bb'$, $\lim r_0 = 0$, en sorte qu'*il y a doute*. Mais, dans ce cas,

$$r_1 = 1 + (n+1)\,r_0 = \frac{(ac'+ca'-bc'-cb'+bb')n^2 + (ac'+ca')n+cc'}{bb'n^2 + (bc'+cb')n+cc'} :$$

puis $$\lim r_1 = \frac{ac'+ca'-bc'-cb'+bb'}{bb'}.$$

4° On peut toujours supposer b et b' positifs. Dès lors, la série est *convergente* ou *divergente*, suivant que l'on a

$$ac'+ca'-bc'-cb'+bb' \lessgtr 0.$$

5° Si $$ac'+ca'-bc'-cb'+bb' = 0,$$

il y a doute. Mais, évidemment, $\lim\left[r_1 l(n+1)\right] = 0$; donc

$$\lim r_2 = 1 :$$

la série est divergente.

Des séries à termes croissants et décroissants.

40. Jusqu'à présent, nous avons supposé que les termes de la série proposée décroissaient indéfiniment, du moins à partir de l'un d'eux; et nous avons indiqué diverses règles au moyen desquelles on peut, dans tous les cas, reconnaître la convergence ou la divergence. Mais il peut arriver que le terme général u_n, tout en *ayant pour limite zéro*, soit exprimé par une fonction de n *tantôt croissante et tantôt décroissante* (*). Il paraît très-difficile de trouver des règles simples, relatives à ce cas singulier. Nous nous contenterons d'énoncer la proposition suivante, analogue au Théorème IX :

41. Tнéorème XV. *Si des quantités*

$$u_1, \quad u_2, \quad u_3, \quad \ldots\ldots, \quad u_n, \quad \ldots\ldots,$$

en nombre indéfini, peuvent former des groupes

$$g_1 = u_1 + u_2 + \ldots\ldots + u_p,$$
$$g_2 = u_{p+1} + u_{p+2} + \ldots\ldots + u_q,$$
$$g_3 = u_{q+1} + u_{q+2} + \ldots\ldots + u_r,$$
$$\cdot \quad \cdot \quad \cdot \quad \cdot \quad \cdot \quad \cdot \quad \cdot \quad \cdot \quad \cdot \quad \cdot \quad \cdot \quad \cdot$$

qui diminuent indéfiniment (en valeur absolue); *les séries*

$$u_1 + u_2 + \ldots\ldots + u_n + \ldots\ldots, \quad \text{(U)}$$
$$g_1 + g_2 + \ldots\ldots + g_i + \ldots\ldots, \quad \text{(G)}$$

sont, en même temps, convergentes, divergentes ou indéterminées. De plus, si elles sont convergentes, elles ont même somme.

42. Applications. I. Soit

$$u_n = \frac{1}{(n+1+\cos n\pi)^2},$$

auquel cas la série est

$$\frac{1}{1^2} + \frac{1}{4^2} + \frac{1}{3^2} + \frac{1}{6^2} + \frac{1}{5^2} + \frac{1}{8^2} + \ldots..$$

Si l'on fait

$$g_1 = \frac{1}{1^2} + \frac{1}{4^2}, \quad g_2 = \frac{1}{3^2} + \frac{1}{6^2}, \quad \ldots\ldots, \quad g_i = \frac{1}{(2i-1)^2} + \frac{1}{(2i+2)^2},$$

on voit que la fonction g_i diminue indéfiniment quand i augmente. D'ailleurs, on a

$$g_i < \frac{1}{2(i-1)^2};$$

---

donc *la série* (G) *est convergente;* et il en est de même pour la série (U) (*).

II. Soit

$$u_n = \frac{1}{n+1+\cos n\pi}.$$

On peut prendre

$$g_i = \frac{1}{2i-1} + \frac{1}{2i+1}.$$

Et comme il en résulte

$$g_i > \frac{1}{i},$$

la série proposée est divergente.

III. Soit enfin

$$u_n = \frac{1}{n \sin \dfrac{n\pi}{2} - n^2 \cos \dfrac{n\pi}{2}};$$

nous aurons la série

$$\frac{1}{1} + \frac{1}{4} - \frac{1}{3} - \frac{1}{16} + \frac{1}{5} + \frac{1}{36} - \frac{1}{7} - \frac{1}{64} + \frac{1}{9} + \frac{1}{100} - \frac{1}{11} - \frac{1}{144} + \ldots,$$

que nous pouvons réduire à

$$g_1 - g_2 + g_3 - g_4 + \ldots \pm g_i \mp \ldots,$$

en posant

$$g_i = \frac{1}{2i-1} + \frac{1}{4i^2}.$$

Par conséquent, *la série est convergente* (**).

45. Remarque. *Une série à termes alternativement positifs et négatifs, et dont le terme général a pour limite zéro, peut être divergente.*

Pour justifier cette proposition, il suffit de considérer la série

$$\frac{1}{\sqrt{2}-1} - \frac{1}{\sqrt{2}+1} + \frac{1}{\sqrt{3}-1} - \frac{1}{\sqrt{3}+1} + \frac{1}{\sqrt{4}-1} - \frac{1}{\sqrt{4}+1} + \ldots$$

(*) On verra plus loin que cette série a pour somme $\dfrac{\pi^2}{4} - 1$.

(**) Elle a pour somme $\dfrac{\pi}{4} + \dfrac{\pi^2}{24}$.

Effectivement, la somme des $2n$ premiers termes est

$$S_{2n} = 2\left(\frac{1}{1} + \frac{1}{2} + \frac{1}{3} + \dots + \frac{1}{n}\right);$$

donc la série est divergente (*).

Des séries imaginaires.

44. DÉFINITION. *Une série dont le terme général a la forme* $\alpha_n + \beta_n \sqrt{-1}$ *est dite convergente, lorsque les deux séries*

$$\alpha_1 + \alpha_2 + \alpha_3 + \dots + \alpha_n + \dots,$$
$$\beta_1 + \beta_2 + \beta_3 + \dots + \beta_n + \dots.$$

sont convergentes.

On voit que les conditions de convergence d'une série imaginaire donnée se ramènent immédiatement aux conditions de convergence de deux séries réelles. La proposition suivante réduit très-souvent l'examen de la série proposée à celui d'*une seule série réelle.*

45. THÉORÈME XVI. *Une série imaginaire est convergente, si la série formée par les modules de ses termes est convergente.*

Si l'on met le terme général, $\alpha_n + \beta_n \sqrt{-1}$, sous la forme

$$\rho_n(\cos \omega_n + \sqrt{-1} \sin \omega_n),$$

ρ_n étant le module de u_n, les trois séries réelles dont il s'agit seront

$$\rho_1 \cos \omega_1 + \rho_2 \cos \omega_2 + \dots + \rho_n \cos \omega_n + \dots,$$
$$\rho_1 \sin \omega_1 + \rho_2 \sin \omega_2 + \dots + \rho_n \sin \omega_n + \dots,$$
$$\rho_1 \qquad + \rho_2 \qquad + \dots + \rho_n \qquad + \dots$$

(*) Cette série appartient bien à la classe que nous venons d'examiner ; car, évidemment,

$$\frac{1}{\sqrt{n-1}} > \frac{1}{\sqrt{n+1}}$$

et

$$\frac{1}{\sqrt{n+1}} > \frac{1}{\sqrt{n+1}-1}.$$

D'ailleurs, pour réduire à la même forme les termes de rang pair et les termes de rang impair, il suffit de prendre

$$u_n = \frac{\cos(n+1)\pi}{\sqrt{n + \frac{1}{2} + \frac{1}{2}\cos n\pi + \cos n\pi}}.$$

Or, si cette dernière série, *dont tous les termes sont positifs*, est convergente, les deux autres le seront pareillement (Théor. IV).

46. Remarques. I. *Si le module ρ_n n'a pas pour limite zéro, la série proposée est divergente ou indéterminée.*

En effet, à cause de

$$\rho_n^2 = \alpha_n^2 + \beta_n^2.$$

une, au moins, des quantités α_n, β_n n'aurait pas pour limite zéro.

II. *Si le module ρ_n a pour limite zéro, et que cependant la série des modules soit divergente, la série proposée peut être convergente.*

Par exemple, la série

$$\frac{1}{1}(\sqrt{-1}) + \frac{1}{2}(-1) + \frac{1}{3}(-\sqrt{-1}) + \frac{1}{4} + \frac{1}{5}(\sqrt{-1}) + \frac{1}{6}(-1) + \ldots,$$

dont le terme général a pour valeur

$$\frac{1}{n}\left| \cos\frac{n\pi}{2} + \sqrt{-1}\,\sin\frac{n\pi}{2} \right|,$$

est convergente, bien que *la série des modules*

$$\frac{1}{1} + \frac{1}{2} + \frac{1}{3} + \frac{1}{4} + \ldots$$

soit divergente (*).

47. Lemme (Théorème d'Abel). *Soient* u_1, u_2, $\ldots$, u_n *des quantités réelles, positives ou négatives. Soient* ε_1, ε_2, $\ldots$, ε_n *des quantités positives, décroissantes. Si, pour toutes les valeurs de* u *inférieures à une certaine limite, on a*

$$A < u_1 + u_2 + \ldots\ldots + u_n < B,$$

on aura aussi

$$\varepsilon_1 A < \varepsilon_1 u_1 + \varepsilon_2 u_2 + \ldots\ldots + \varepsilon_n u_n < \varepsilon_1 B.$$

(*) A cause de

$$1 - \frac{1}{2} + \frac{1}{3} - \frac{1}{4} + \frac{1}{5} = \ldots\ldots = l2,$$

et de

$$1 - \frac{1}{3} + \frac{1}{5} - \frac{1}{7} = \ldots\ldots = \frac{\pi}{4},$$

la série proposée a pour somme

$$-\frac{1}{2}l2 + \frac{\pi}{4}\sqrt{-1}.$$

Démonstration. Posons, pour abréger,

$$s_n = u_1 + u_2 + \ldots + u_n, \quad S_n = \varepsilon_1 u_1 + \varepsilon_2 u_2 + \ldots + \varepsilon_n u_n.$$

Nous aurons

$$u_1 = s_1, \quad u_2 = s_2 - s_1, \quad u_3 = s_3 - s_2, \quad \ldots, \quad u_n = s_n - s_{n-1};$$

et, par conséquent,

$$S_n = \varepsilon_1 s_1 + \varepsilon_2(s_2 - s_1) + \varepsilon_3(s_3 - s_2) + \ldots + \varepsilon_{n-1}(s_{n-1} - s_{n-2}) + \varepsilon_n(s_n - s_{n-1})$$

$$= (\varepsilon_1 - \varepsilon_2)s_1 + (\varepsilon_2 - \varepsilon_3)s_2 + \ldots + (\varepsilon_{n-1} - \varepsilon_n)s_{n-1} + \varepsilon_n s_n.$$

Mais, les différences $\varepsilon_1 - \varepsilon_2$, $\varepsilon_2 - \varepsilon_3$, $\ldots$, $\varepsilon_{n-1} - \varepsilon_n$ étant positives, on a, d'après l'hypothèse :

$$(\varepsilon_1 - \varepsilon_2)A < (\varepsilon_1 - \varepsilon_2)s_1 < (\varepsilon_1 - \varepsilon_2)B,$$
$$(\varepsilon_2 - \varepsilon_3)A < (\varepsilon_2 - \varepsilon_3)s_2 < (\varepsilon_2 - \varepsilon_3)B,$$
$$\cdots\cdots\cdots\cdots\cdots\cdots$$
$$(\varepsilon_{n-1} - \varepsilon_n)A < (\varepsilon_{n-1} - \varepsilon_n)s_{n-1} < (\varepsilon_{n-1} - \varepsilon_n)B,$$
$$\varepsilon_n A < \varepsilon_n s_n < \varepsilon_n B.$$

Ajoutant toutes ces inégalités membre à membre, et réduisant, on obtient

$$\varepsilon_1 A < S_n < \varepsilon_1 B.$$

48. Théorème XVII. *Si les termes*

$$u_1, \quad u_2, \quad u_3, \quad \ldots, \quad u_n, \quad \ldots$$

d'une série convergente ou indéterminée, sont respectivement multipliés par des quantités

$$\varepsilon_1, \quad \varepsilon_2, \quad \varepsilon_3, \quad \ldots, \quad \varepsilon_n, \quad \ldots$$

positives et indéfiniment décroissantes, la série

$$\varepsilon_1 u_1 + \varepsilon_2 u_2 + \varepsilon_3 u_3 + \ldots + \varepsilon_n u_n + \ldots, \quad (1)$$

ainsi formée, est convergente.

Démonstration. En conservant les notations du numéro précédent, on a d'abord

$$\varepsilon_1 A < S_n < \varepsilon_1 B.$$

Ainsi, *la série* (1) *n'est pas divergente.* Elle ne saurait être indéterminée ; car

$$lim \, \varepsilon_n u_n = lim \, \varepsilon_n \, . \, lim \, u_n = 0 \, . \, lim \, u_n = 0.$$

Donc cette série est convergente.

49. CorollAIRE. *Si aucune des deux séries*

$$\cos \omega_1 + \cos \omega_2 + \cos \omega_3 + \dots + \cos \omega_n + \dots, \qquad (2)$$

$$\sin \omega_1 + \sin \omega_2 + \sin \omega_3 + \dots + \sin \omega_n + \dots, \qquad (3)$$

n'est divergente, et que les modules

$$\rho_1, \qquad \rho_2, \qquad \rho_3, \qquad \dots, \qquad \rho_n, \qquad \dots$$

décroissent indéfiniment, les deux séries

$$\rho_1 \cos \omega_1 + \rho_2 \cos \omega_2 + \dots \dots + \rho_n \cos \omega_n + \dots,$$

$$\rho_1 \sin \omega_1 + \rho_2 \sin \omega_2 + \dots \dots + \rho_n \cos \omega_n + \dots,$$

seront convergentes.

50. *Remarque.* Supposons que ω_n représente l'angle formé avec une droite fixe OX par une droite mobile OA_n. Alors, la condition dont on vient de parler, relative aux séries (2), (3), est ordinairement vé-rifiée (*), lorsque *la droite mobile ne reste pas dans l'intérieur d'un angle fixe* BOC. On conçoit, en effet, que si la droite OA_n tourne autour du pôle O, chacune des fonctions $\cos \omega_n$, $\sin \omega_n$

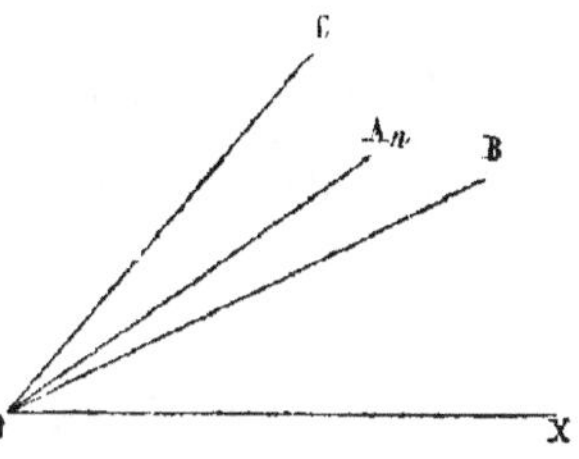

repassera périodiquement par les mêmes valeurs, sinon exactement, du moins à fort peu près, et que, par conséquent, les séries (2), (3) seront convergentes ou indéterminées. Si, au contraire, la droite OA_n tend vers une position limite, ou même si elle oscille dans l'intérieur d'un angle BOC, les fonctions $\cos \omega_n$, $\sin \omega_n$ ayant des limites con-stantes, ou du moins tendant à la forme $a \pm \varepsilon$, les séries dont il s'agit deviendront divergentes (**).

51. Application. *Les séries*

$$\rho_1 \cos a + \rho_2 \cos (a+\delta) + \rho_3 \cos (a+2\delta) + \dots + \rho_n \cos (a+\overline{n-1}\delta) + \dots,$$

$$\rho_1 \sin a + \rho_2 \sin (a+\delta) + \rho_3 \sin (a+2\delta) + \dots + \rho_n \sin (a+\overline{n-1}\delta) + \dots,$$

(*) Peut-être pourrait-on dire : *est toujours vérifiée*.

(**) Cependant, si $\lim \cos \omega_n = 0$, la série (2) *pourra être* convergente. De même pour l'autre série, si $\lim \sin \omega_n = 0$.

sont convergentes lorsque les modules $\rho_1, \rho_2, \rho_3, \ldots, \rho_n$ *décroissent indéfiniment. Cependant, si* $\delta = 2k\pi$, *elles peuvent être divergentes.*

1° Si l'on pose

$$\cos a + \cos(a+\delta) + \cos(a+2\delta) + \ldots + \cos(a+\overline{n-1}\delta) = A_n,$$
$$\sin a + \sin(a+\delta) + \sin(a+2\delta) + \ldots + \sin(a+\overline{n-1}\delta) = B_n,$$

on trouve aisément (en supposant $\sin\frac{1}{2}\delta$ différent de zéro) :

$$A_n = \frac{\sin\frac{n}{2}\delta}{\sin\frac{1}{2}\delta}\cos\left(a+\frac{n-1}{2}\delta\right), \quad B_n = \frac{\sin\frac{n}{2}\delta}{\sin\frac{1}{2}\delta}\sin\left(a+\frac{n-1}{2}\delta\right).$$

Chacune de ces deux sommes est comprise entre $+\dfrac{1}{\sin\frac{1}{2}\delta}$ et $-\dfrac{1}{\sin\frac{1}{2}\delta}$;

donc (49) les séries proposées sont convergentes.

2° Dans le cas où l'on aurait $\sin\frac{1}{2}\delta = 0$, ou $\delta = 2k\pi$, les séries se réduiraient à

$$\delta_1\cos a + \delta_2\cos a + \delta_3\cos a + \ldots,$$
$$\delta_1\sin a + \delta_2\sin a + \delta_3\sin a + \ldots;$$

en sorte qu'elles pourraient être divergentes.

52. *Remarque.* Si δ est commensurable avec la circonférence, les fonctions A_n, B_n sont *périodiques;* et, par conséquent, les séries

$$\cos a + \cos(a+\delta) + \cos(a+2\delta) + \ldots,$$
$$\sin a + \sin(a+\delta) + \sin(a+2\delta) + \ldots,$$

sont *indéterminées.* C'est donc à tort que divers géomètres se sont proposé d'en déterminer la *somme* (*). Dans le cas où les arcs δ et π n'ont pas de commune mesure, les mêmes séries sont encore indéterminées; car

---

(*) Voyez, ci-dessus, la note du numéro 4. Voyez aussi les *Nouvelles Annales de Mathématiques,* t. III, p. 570.

$$A_n = -\frac{1}{2\sin\frac{1}{2}\delta}\left[\sin\left(a+\frac{2n-1}{2}\delta\right)-\sin\left(a-\frac{\delta}{2}\right)\right],$$

$$B_n = \frac{1}{2\sin\frac{1}{2}\delta}\left[\cos\left(a-\frac{\delta}{2}\right)-\cos\left(a+\frac{2n-1}{2}\delta\right)\right];$$

et ces fonctions, sans repasser périodiquement par les mêmes valeurs, d'une manière absolue, n'ont pas de limites fixes (*).

(*) Le lecteur qui voudra étudier d'une manière plus complète la *convergence des séries périodiques*, devra consulter les travaux de MM. Dirichlet, Malmsten, Björling, etc.

CHAPITRE III.

SOMMATION DE QUELQUES SÉRIES.

53. PROBLÈME I. *Sommer la série convergente*

$$\frac{1}{1.2} + \frac{1}{2.3} + \frac{1}{3.4} + \cdots + \frac{1}{n(n+1)} + \cdots$$

Solution. En faisant attention que

$$\frac{1}{n(n+1)} = \frac{1}{n} - \frac{1}{n+1},$$

on a immédiatement

$$S_n = \left(1 - \frac{1}{2}\right) + \left(\frac{1}{2} - \frac{1}{3}\right) + \cdots + \left(\frac{1}{n} - \frac{1}{n+1}\right),$$

ou

$$S_n = 1 - \frac{1}{n+1}.$$

Par suite,

$$S = 1.$$

54. PROBLÈME II. *Sommer la série convergente*

$$\frac{1}{1.2.3} + \frac{1}{2.3.4} + \frac{1}{3.4.5} + \cdots + \frac{1}{n(n+1)(n+2)} + \cdots$$

Solution. Pour ramener ce problème au précédent, posons

$$\frac{1}{n(n+1)(n+2)} = \frac{A}{n(n+1)} + \frac{B}{(n+1)(n+2)},$$

ou
$$1 = (n+2)A + nB.$$

Nous aurons
$$A = \frac{1}{2}, \quad B = -\frac{1}{2}.$$

Par conséquent,

$$S_n = \frac{1}{2}\left[\frac{1}{1.2} + \cdots + \frac{1}{n(n+1)}\right] - \frac{1}{2}\left[\frac{1}{2.3} + \cdots + \frac{1}{(n+1)(n+2)}\right],$$

ou

$$S_n = \frac{1}{2}\left[\frac{1}{2} - \frac{1}{(n+1)(n+2)}\right];$$

puis

$$S = \frac{1}{4}.$$

55. La méthode que nous venons d'employer est applicable à toute série *convergente* ayant pour terme général une *fraction rationnelle dont le dénominateur est égal au produit d'un nombre déterminé de termes appartenant à la progression*

$$n+a, \quad n+a+1, \quad n+a+2, \quad \ldots\ldots,$$

dans laquelle a *est une constante quelconque.* Cette proposition sera suffisamment démontrée par les deux exemples suivants.

56. PROBLÈME III. *Sommer la série déterminée par*

$$u_n = \frac{n^2 - 5n + 7}{n(n+2)(n+3)(n+4)}.$$

Solution. Si l'on pose

$$\frac{n^2 - 5n + 7}{n(n+1)(n+3)(n+4)} = \frac{A}{n(n+1)} + \frac{B}{(n+1)(n+2)} + \frac{C}{(n+2)(n+3)} + \frac{D}{(n+3)(n+4)},$$

on trouve aisément

$$A = \frac{7}{12}, \quad B = -\frac{5}{4}, \quad C = -\frac{5}{4}, \quad D = \frac{35}{12} \;(^*).$$

D'ailleurs,

$$S_n = A \sum_1^n \frac{1}{i(i+1)} + B \sum_1^n \frac{1}{(i+1)(i+2)} + C \sum_1^n \frac{1}{(i+2)(i+3)} + D \sum_1^n \frac{1}{(i+3)(i+4)},$$

ou

$$S_n = A \sum_1^n \frac{1}{i(i+1)} + B \sum_2^{n+1} \frac{1}{i(i+1)} + C \sum_3^{n+2} \frac{1}{i(i+1)} + D \sum_4^{n+3} \frac{1}{i(i+1)};$$

et, par ce qui précède,

$$\sum_1^n \frac{1}{i(i+1)} = 1 - \frac{1}{n+1}, \qquad \sum_2^{n+1} \frac{1}{i(i+1)} = \frac{1}{2} - \frac{1}{n+2},$$

$$\sum_3^{n+2} \frac{1}{i(i+1)} = \frac{1}{3} - \frac{1}{n+3}, \qquad \sum_4^{n+3} \frac{1}{i(i+1)} = \frac{1}{4} - \frac{1}{n+4};$$

donc

$$S_n = A\left(1 - \frac{1}{n+1}\right) + B\left(\frac{1}{2} - \frac{1}{n+2}\right) + C\left(\frac{1}{3} - \frac{1}{n+3}\right) + D\left(\frac{1}{4} - \frac{1}{n+4}\right).$$

En effectuant, on obtient

$$S_n = \frac{13}{48} - \frac{7}{12(n+1)} + \frac{5}{4(n+2)} + \frac{5}{4(n+3)} - \frac{35}{12(n+4)};$$

(*) Il est très-facile de reconnaître que, la série étant convergente, la décomposition essayée est possible, et qu'elle l'est d'une seule manière.

d'où

$$S = \frac{15}{48}.$$

57. Problème IV. *Sommer la série convergente*

$$\frac{2a+1}{(a+1)(a+3)(a+4)} + \frac{2a+2}{(a+2)(a+4)(a+5)} + \ldots + \frac{2a+n}{(a+n)(a+n+2)(a+n+3)} + \ldots \; (^{\prime})$$

Solution. Décomposant le terme général en

$$\frac{A}{(a+n)(a+n+1)} + \frac{B}{(a+n+1)(a+n+2)} + \frac{C}{(a+n+2)(a+n+3)}.$$

et opérant comme dans le Problème III, on obtient

$$S_n = \frac{1}{6}\frac{a}{a+1}\frac{n}{a+n+1} + \frac{1}{6}\frac{a}{a+2}\frac{n}{a+n+2} - \frac{1}{3}\frac{a-3}{a+3}\frac{n}{a+n+3};$$

puis

$$S = \lim S_n = \frac{1}{6}\frac{a}{a+1} + \frac{1}{6}\frac{a}{a+2} - \frac{1}{3}\frac{a-3}{a+3}.$$

58. Problème V. *Trouver la somme des n premiers termes de la série*

$$1 + \frac{1}{a+1} + \frac{1.2}{(a+1)(a+2)} + \ldots + \frac{1.2.3\ldots(n-1)}{(a+1)(a+2)\ldots(a+n-1)} + \ldots \; (^{\prime\prime})$$

Solution. Pour appliquer encore la méthode employée dans le Problème I, essayons de décomposer le terme général en deux fractions de la forme

$$\frac{A_{n-1}}{(a+1)(a+2)\ldots(a+n-2)}, \quad \frac{A_n}{(a+1)(a+2)\ldots(a+n-1)};$$

ou, ce qui est équivalent, posons

$$1.2.3\ldots(n-1) = (a+n-1)A_{n-1} - A_n.$$

Soit

$$A_n = 1.2.3\ldots(n-1)B_n;$$

nous aurons

$$1 = (a+n-1)B_{n-1} - nB_n.$$

Cette équation devient identique si l'on prend

$$B_{n-1} = B_n = \frac{1}{a-1}.$$

On a donc

$$\frac{1.2.3....(n-1)}{(a+1)(a+2)....(a+n-1)} = \frac{1}{a-1}\left[\frac{1.2.3....(n-1)}{(a+1)(a+2)....(a+n-2)} - \frac{1.2.3....n}{(a+1)(a+2)....(a+n-1)}\right];$$

ce qui, du reste, est évident.

Par suite,

$$S_n = \frac{1}{a-1}\left[(a-1)+1-\frac{1.2.3.....n}{(a+1)(a+2).....(a+n-1)}\right],$$

ou

$$S_n = \frac{a}{a-1} - \frac{1.2.3.....n}{(a-1)(a+1).....(a+n-1)}.$$

Si a surpasse l'unité, la fraction

$$\frac{1.2.3.....n}{(a+1)(a+2).....(a+n-1)}$$

décroît indéfiniment lorsque n *augmente* (*). Donc, dans ce cas, la série est convergente (**), et l'on a

$$S = \lim S_n = \frac{a}{a-1}.$$

59. *Remarques.* I. Lorsque a surpasse l'unité, la série

$$1+\frac{1}{a+1}+\frac{1.2}{(a+1)(a+2)}+.....+\frac{1.2.3.....(n-1)}{(a+1)(a+2).....(a+n-1)}+.....$$

a la même limite que la progression

$$1+\frac{1}{a}+\frac{1}{a^2}+.....+\frac{1}{a^{n-1}}+.....$$

(*) Soient $a=1+\varepsilon$, et

$$P_n = \frac{(a+1)(a+2).....(a+n-1)}{1.2.3.....n}.$$

Il en résulte

$$l P_n = l\left(1+\frac{\varepsilon}{2}\right)+l\left(1+\frac{\varepsilon}{3}\right)+.....+l\left(1+\frac{\varepsilon}{n}\right).$$

Or,

$$\lim nl\left(1+\frac{\varepsilon}{n}\right)=c\varepsilon;$$

donc 1° la série dont le terme général serait $l\left(1+\frac{\varepsilon}{n}\right)$ est divergente ; 2° $l P_n$ croît indéfiniment avec n ; 3° $\frac{1}{P_n}$ a pour limite zéro.

(**) Les règles données dans le chapitre précédent conduisent au même résultat.

II. La seconde série est plus convergente que la première. En effet, si l'on représente par R_n, R'_n leurs restes respectifs, savoir :

$$R_n = \frac{1}{(a-1)a^n}, \qquad R'_n = \frac{1.2.3\ldots n}{(a-1)(a+1)(a+2)\ldots(a+n-1)},$$

on a
$$R_n < R'_n.$$

60. PROBLÈME VI. *Trouver la somme des* n *premiers termes de la série*

$$1+\frac{b+1}{a+1}+\frac{(b+1)(b+2)}{(a+1)(a+2)}+\ldots+\frac{(b+1)(b+2)\ldots(b+n-1)}{(a+1)(a+2)\ldots(a+n-1)}+\ldots$$

Solution. 1° En opérant comme dans le Problème V, on trouve

$$S_n = \frac{1}{a-b-1}\left[a-\frac{(b+1)\ldots(b+n)}{(a+1)\ldots(a+n-1)}\right].$$

2° Si b est plus petit que $a-1$, la série est convergente ; donc, dans ce cas,

$$\lim S_n = S = \frac{a}{a-b-1}.$$

61. *Remarque.* Si l'on prend le rapport $\dfrac{a}{a-b-1}$ égal à un nombre p, on pourra, *d'une infinité de manières*, le développer en série convergente. Par exemple,

$$2 = 1 + \frac{b+1}{2b+3} + \frac{(b+1)(b+2)}{(2b+3)(2b+4)} + \frac{(b+1)(b+2)(b+3)}{(2b+3)(2b+4)(2b+5)} + \ldots,$$

$$= 1 + \frac{2}{5} + \frac{2.3}{5.6} + \frac{2.3.4}{5.6.7} + \frac{2.3.4}{6.7.8} + \frac{2.3.4}{7.8.9} + \ldots,$$

$$= 1 + \frac{3}{7} + \frac{3.4}{7.8} + \frac{3.4.5}{7.8.9} + \frac{3.4.5.6}{7.8.9.10} + \frac{3.4.5.6}{8.9.10.11} + \ldots,$$

$$= 1 + \frac{3}{8} + \frac{3.5}{8.10} + \frac{3.5.7}{8.10.12} + \frac{3.5.7.9}{8.10.12.14} + \ldots \; (^*).$$

62. PROBLÈME VII. *Sommer la série*

$$1+\frac{b+c}{a+c}+\frac{(b+c)(b+2c)}{(a+c)(a+2c)}+\ldots+\frac{(b+c)(b+2c)\ldots(b+\overline{n-1}c)}{(a+c)(a+2c)\ldots(a+\overline{n-1}c)}+\ldots$$

Solution. On déduit cette série de celle qui précède, en changeant b en $\dfrac{b}{c}$ et a en $\dfrac{a}{c}$. Conséquemment,

---

(*) La plupart des séries précédentes ont été traitées par Mac-Laurin, Stirling, Lorgna, etc.

$$S_n = \frac{1}{a-b-c}\left[a - \frac{(b+c)(b+2c)\ldots\ldots(b+nc)}{(a+c)(a+2c)\ldots\ldots(a+\overline{n-1}c)}\right];$$

et, si a surpasse $b+c$:

$$\lim S_n = S = \frac{a}{a-b-c}.$$

63. Problème VIII. *Évaluer*

$$S_n = \frac{1}{2^2-1} + \frac{1}{3^2-1} + \frac{1}{4^2-1} + \ldots\ldots + \frac{1}{(n+1)^2-1}.$$

Solution. La fraction $\frac{1}{(n+1)^2-1}$ se décompose en

$$\frac{1}{2}\left(\frac{1}{n} - \frac{1}{n+2}\right);$$

donc, en supposant $n > 2$:

$$S_n = \frac{1}{2}\left[\frac{1}{1} - \frac{1}{3} + \frac{1}{2} - \frac{1}{4} + \frac{1}{3} - \frac{1}{5} + \ldots\ldots + \frac{1}{n-1} - \frac{1}{n+1} + \frac{1}{n} - \frac{1}{n+2}\right]$$
$$= \frac{1}{2}\left[\frac{1}{1} + \frac{1}{2} - \frac{1}{n+1} - \frac{1}{n+2}\right];$$

et
$$\lim S_n = S = \frac{3}{4} \ (^*).$$

64. Problème IX. *Sommer la série dont le terme général est*

$$u_n = \frac{1}{(n+a)^2-b^2} \ (^{**}).$$

Solution. Ce problème est la généralisation du précédent. Pour essayer de le résoudre, remarquons d'abord que

$$u_n = \frac{1}{2b}\left[\frac{1}{n+a-b} - \frac{1}{n+a+b}\right];$$

(^*) Il est assez remarquable que la série

$$\frac{1}{3} + \frac{1}{8} + \frac{1}{15} + \frac{1}{24} + \frac{1}{35} + \ldots\ldots$$

se réduise pour ainsi dire identiquement à la fraction $\frac{3}{4}$, tandis que la série

$$\frac{1}{4} + \frac{1}{9} + \frac{1}{16} + \frac{1}{25} + \frac{1}{36} + \ldots\ldots$$

a pour limite $\frac{\pi^2}{6} - 1$.

Remarquons encore que, si l'on retranche les deux séries terme à terme, on obtient

$$\frac{1}{3.4} + \frac{1}{8.9} + \frac{1}{15.16} + \frac{1}{24.25} + \ldots\ldots = \frac{7}{4} - \frac{\pi^2}{6}.$$

(^{**}) On suppose $1+a > b$, afin qu'il n'y ait pas de terme infini.

d'où résulte

$$u_a = \frac{1}{2b}\left[\frac{1}{n+p+a-b} - \frac{1}{n+p+a+b}\right].$$

Si
$$n+a+b = n+p+a-b,$$

les termes de la série se détruiront deux à deux (à l'exception des premiers). Or, la relation précédente équivaut à $p = 2b$; conséquemment : *toutes les fois que* 2b *sera un nombre entier* p, *on aura*

$$S = \frac{1}{2b}\left[\frac{1}{1+a-b} + \frac{1}{2+a-b} + \frac{1}{3+a-b} + \ldots + \frac{1}{a+b}\right].$$

63. EXEMPLES. I.

$$\frac{1}{2^2-1} + \frac{1}{3^2-1} + \frac{1}{4^2-1} + \ldots = \frac{1}{2}\left[\frac{1}{1} + \frac{1}{2}\right] = \frac{5}{4};$$

comme ci-dessus (63);

II.

$$\frac{1}{4^2-2^2} + \frac{1}{5^2-2^2} + \frac{1}{6^2-2^2} + \ldots = \frac{1}{4}\left[\frac{1}{2} + \frac{1}{3} + \frac{1}{4} + \frac{1}{5}\right] = \frac{77}{240};$$

III.

$$\frac{1}{2^2-\left(\frac{1}{2}\right)^2} + \frac{1}{3^2-\left(\frac{1}{2}\right)^2} + \frac{1}{4^2-\left(\frac{1}{2}\right)^2} + \ldots = \frac{2}{3};$$

IV.

$$\frac{1}{(1+\sqrt{2})^2-\left(\frac{3}{2}\right)^2} + \frac{1}{(2+\sqrt{2})^2-\left(\frac{3}{2}\right)^2} + \frac{1}{(3+\sqrt{2})^2-\left(\frac{3}{2}\right)^2} + \ldots$$
$$= \frac{1}{3}\left[\frac{1}{\sqrt{2}-\frac{1}{2}} + \frac{1}{\sqrt{2}+\frac{1}{2}} + \frac{1}{\sqrt{2}+\frac{3}{2}}\right] = 2 - \frac{20}{21}\sqrt{2};$$

etc.

66. PROBLÈME X. *Sommer la série*

$$\frac{1}{(1+a)^2-b^2} - \frac{1}{(2+a)^2-b^2} + \frac{1}{(3+a)^2-b^2} - \ldots \pm \frac{1}{(n+a)^2-b^2} \mp \ldots$$

Solution. Raisonnant comme dans le Problème IX, on trouve que : *si* b *est un nombre entier,*

$$S = \frac{1}{2b}\left[\frac{1}{1+a-b} - \frac{1}{2+a-b} + \frac{1}{3+a-b} - \ldots - \frac{1}{a+b}\right].$$

Par exemple,

$$\frac{1}{2^2-1} - \frac{1}{3^2-1} + \frac{1}{4^2-1} - \frac{1}{5^2-1} + \ldots = \frac{1}{2}\left[\frac{1}{1} - \frac{1}{2}\right] = \frac{1}{4},$$

$$\frac{1}{4^2-2^2} - \frac{1}{5^2-2^2} + \frac{1}{6^2-2^2} - \frac{1}{7^2-2^2} + \ldots = \frac{1}{4}\left[\frac{1}{2} - \frac{1}{3} + \frac{1}{4} - \frac{1}{5}\right] = \frac{15}{240};$$

etc.

67. *Remarque.* D'après les deux problèmes précédents,

$$\frac{1}{(1+a)^2-b^2} + \frac{1}{(3+a)^2-b^2} + \frac{1}{(5+a)^2-b^2} + \ldots = \frac{1}{2b}\left[\frac{1}{1+a-b} + \frac{1}{3+a-b} + \frac{1}{5+a-b} + \ldots + \frac{1}{a+b-1}\right],$$

et

$$\frac{1}{(2+a)^2-b^2} + \frac{1}{(4+a)^2-b^2} + \frac{1}{(6+a)^2-b^2} + \ldots = \frac{1}{2b}\left[\frac{1}{2+a-b} + \frac{1}{4+a-b} + \frac{1}{6+a-b} + \ldots + \frac{1}{a+b}\right],$$

si b *est entier.*

68. Problème XI. *Déterminer*

$$S_n = 1 + 2q + 3q^2 + \ldots + nq^{n-1}.$$

Solution. On a

$$qS_n = q + 2q^2 + 3q^3 + \ldots + (n-1)q^{n-1} + nq^n;$$

donc, en retranchant membre à membre (*) :

$$(1-q)S_n = 1 + q + q^2 + \ldots + q^{n-1} - nq^n,$$

ou

$$(1-q)S_n = \frac{1-q^n}{1-q} - nq^n;$$

et, par conséquent,

$$S_n = \frac{1-q^n}{(1-q)^2} - \frac{nq^n}{1-q}.$$

On déduit de cette valeur, en supposant $q^2 < 1$,

$$S = \lim S_n = \frac{1}{(1-q)^2} \; (^{**}). \qquad\qquad (A)$$

Ainsi, *la somme de la série convergente*

$$1, \quad 2q, \quad 3q^2, \quad 4q^3, \quad \ldots\ldots \quad nq^{n-1}, \quad \ldots\ldots$$

(*) Ce procédé est tout à fait semblable à celui que l'on emploie, en arithmétique, pour démontrer la formule des progressions par quotient : $S = \dfrac{uq-a}{q-1}$.

(**) En effet, lorsque q est compris entre -1 et $+1$,

$$\lim q^n = 0 \quad \text{et} \quad \lim nq^n = 0.$$

obtenue en multipliant terme à terme les deux progressions

$$1, \quad 2, \quad 3, \quad 4, \quad \ldots, \quad n, \quad \ldots,$$
$$1, \quad q, \quad q^2, \quad q^3, \quad \ldots, \quad q^{n-1}, \quad \ldots,$$

est égale au carré de la somme de la seconde progression (*).

69. Remarque. Si la quantité q, au lieu d'être réelle, a la forme $\rho(\cos\omega + \sqrt{-1}\sin\omega)$, la série considérée devient

$$1 + 2\rho(\cos\omega + \sqrt{-1}\sin\omega) + 3\rho^2(\cos 2\omega + \sqrt{-1}\sin 2\omega) + \ldots$$
$$+ n\rho^{n-1}(\cos\overline{n-1}\,\omega + \sqrt{-1}\sin\overline{n-1}\,\omega) + \ldots$$

D'après un théorème démontré (45), cette dernière série est convergente lorsque le module ρ est inférieur à l'unité. Dans ce cas, la formule (A) devient

$$S = \frac{1}{[1 - \rho(\cos\omega + \sqrt{-1}\sin\omega)]^2} = \frac{(1 - \rho\cos\omega + \rho\sqrt{-1}\sin\omega)^2}{[(1 - \rho\cos\omega)^2 + \rho^2\sin^2\omega]^2}.$$

On a donc, en égalant les parties réelles et les parties imaginaires :

$$\frac{1 - 2\rho\cos\omega + \rho^2\cos 2\omega}{(1 - 2\rho\cos\omega + \rho^2)^2} = 1 + 2\rho\cos\omega + 3\rho^2\cos 2\omega + \ldots + n\rho^{n-1}\cos(n-1)\omega + \ldots \quad (B)$$

$$\frac{2(1 - \rho\cos\omega)\sin\omega}{(1 - 2\rho\cos\omega + \rho^2)^2} = 2\sin\omega + 3\rho\sin 2\omega + \ldots + n\rho^{n-2}\sin(n-1)\omega + \ldots \quad (C)$$

70. Problème XII. *Déterminer la somme des* n *premiers termes de la série dont le terme général est*

$$u_n = a_n(a_1 + a_2 + \ldots + a_n).$$

Solution. De

$$S_1 = a_1^2, \quad S_2 = a_1^2 + a_2(a_1 + a_2), \quad S_3 = a_1^2 + a_2(a_1 + a_2) + a_3(a_1 + a_2 + a_3), \quad \ldots$$

on conclut

$$2S_1 = a_1^2 + a_1^2, \quad 2S_2 = (a_1 + a_2)^2 + a_1^2 + a_2^2,$$
$$2S_3 = (a_1 + a_2 + a_3)^2 + a_1^2 + a_2^2 + a_3^2, \quad \ldots,$$

et, en général,

$$2S_n = (a_1 + a_2 + \ldots + a_n)^2 + a_1^2 + a_2^2 + \ldots + a_n^2. \quad (D)$$

(*) La formule du binôme conduit plus rapidement à ce résultat.

Conséquemment, *si*

$$A_n = a_1 + a_2 + a_3 + \ldots\ldots + a_n, \quad B_n = a_1{}^2 + a_2{}^2 + \ldots\ldots + a_n{}^2,$$

on aura

$$2S_n = A_n{}^2 + B_n. \tag{E}$$

71. Applications. I. Soit

$$S_n = 1 + q(1+q) + q^2(1+q+q^2) + \ldots\ldots + q^{n-1}(1+q+q^2+\ldots\ldots+q^{n-1}).$$

On a

$$A_n = \frac{1-q^n}{1-q}, \quad B_n = \frac{1-q^{2n}}{1-q^2};$$

donc

$$S_n = \frac{(1-q^n)(1-q)^{n+1}}{(1-q)(1-q^2)} \; (^*); \tag{F}$$

puis, en supposant $q^2 < 1$,

$$S = \lim S_n = \frac{1}{(1-q)(1-q^2)}. \tag{G}$$

II. Prenons, comme ci-dessus (69),

$$q = \rho(\cos\omega + \sqrt{-1}\,\sin\omega);$$

nous aurons, en supposant $\rho < 1$,

$$S = \frac{1}{[1-\rho(\cos\omega + \sqrt{-1}\,\sin\omega)]\,[1-\rho^2(\cos 2\omega + \sqrt{-1}\,\sin 2\omega)]};$$

ou, après quelques réductions,

$$S = \frac{1 - \rho\cos\omega - \rho^2\cos 2\omega + \rho^3\cos 3\omega + \sqrt{-1}(\rho\sin\omega + \rho^2\sin 2\omega - \rho^3\sin 3\omega)}{(1 - 2\rho\cos\omega + \rho^2)(1 - 2\rho^2\cos 2\omega + \rho^4)}.$$

D'un autre côté,

$$S = 1 + (q + q^2) + (q^2 + q^3 + q^4) + (q^3 + q^4 + q^5 + q^6) + \ldots\ldots$$
$$+ (q^{n-1} + q^n + \ldots\ldots + q^{2n-2}) + \ldots\ldots$$

$$= \sum_1^\infty \left[\rho^{n-1}\cos\overline{n-1}\,\omega + \rho^n\cos n\omega + \ldots\ldots + \rho^{2n-2}\cos\overline{2n-2}\,\omega\right]$$

$$+ \sqrt{-1}\sum_1^\infty \left[\rho^{n-1}\sin\overline{n-1}\,\omega + \rho^n\sin n\omega + \ldots\ldots + \rho^{2n-2}\sin\overline{2n-2}\,\omega\right].$$

(*) Pour vérifier cette formule, il suffit de faire attention que

$$S_n = \frac{1}{1-q}\left[(1-q) + q(1-q^2) + q^2(1-q^3) + \ldots\ldots + q^{n-1}(1-q^n)\right].$$

Donc enfin

$$\sum_1^\infty \left[\rho^{n-1}\cos\overline{n-1}\,\omega + \rho^n\cos n\omega + \ldots + \rho^{2n-2}\cos\overline{2n-2}\,\omega\right]$$
$$= \frac{1-\rho\cos\omega-\rho^2\cos 2\omega+\rho^3\cos 3\omega}{(1-2\rho\cos\omega+\rho^2)(1-2\rho^2\cos 2\omega+\rho^4)},$$

$$\sum_1 \left[\rho^{n-1}\sin\overline{n-1}\,\omega + \rho^n\sin n\omega + \ldots + \rho^{2n-2}\sin\overline{2n-2}\,\omega\right]$$
$$= \frac{\rho\sin\omega+\rho^2\sin 2\omega-\rho^3\sin 3\omega}{(1-2\rho\cos\omega+\rho^2)(1-2\rho^2\cos 2\omega+\rho^4)}.$$

III. Si l'on admet les formules suivantes :

$$l2 = 1 - \frac{1}{2} + \frac{1}{3} - \frac{1}{4} + \frac{1}{5} - \ldots \pm \frac{1}{n} \mp \ldots,$$
$$\frac{\pi^2}{6} = 1 + \frac{1}{2^2} + \frac{1}{3^2} + \frac{1}{4^2} + \ldots + \frac{1}{n^2} + \ldots \; (^*),$$

on en conclut que la série

$$1 - \frac{1}{2}\left(1-\frac{1}{2}\right) + \frac{1}{3}\left(1-\frac{1}{2}+\frac{1}{3}\right) - \frac{1}{4}\left(1-\frac{1}{2}+\frac{1}{3}-\frac{1}{4}\right) + \ldots$$

a pour somme

$$S = \frac{1}{2}(l2)^2 + \frac{\pi^2}{12} \; (^{**}).$$

72. Problème XIII. *Sommer la série*

$$a_\alpha a_1 + a_{\alpha+1}(a_1+a_2) + a_{\alpha-2}(a_1+a_2+a_3) + \ldots$$
$$+ a_{\alpha+n-1}(a_1+a_2+\ldots+a_n) + \ldots,$$

l'indice α étant quelconque, mais constant.

Solution. A la somme S_n des n premiers termes, ajoutons la quantité

$$C_n = a_\alpha(a_2+a_3\ldots+a_\alpha) + a_{\alpha+1}(a_3+a_4+\ldots+a_{\alpha+1}) + \ldots$$
$$+ a_{\alpha+n-1}(a_{n+1}+\ldots+a_{\alpha+n-1}) \; (^{***});$$

nous aurons, en multipliant par 2,

$$2S_n + 2C_n = a_\alpha^2 + a_{\alpha+1}^2 + \ldots + a_{\alpha+n-1}^2$$
$$+ (a_1+a_2+\ldots+a_{\alpha+n-1})^2 - (a_1+a_2+\ldots+a_{\alpha-1})^2;$$

(*) Nous les démontrerons plus loin.

(**) Ce résultat, et beaucoup d'autres du même genre, sont dus à Euler et à Goldbach. Voir la *Correspondance* de ces deux géomètres, publiée par M. Fuss.

(***) Si $\alpha = 1$, $C_n = 0$.

d'où, en conservant les notations employées dans le Problème XII,

$$2S_n = B_{\alpha+n-1} - B_{\alpha-1} + (A_{\alpha+n-1})^2 - (A_{\alpha-1})^2 + 2C_n. \qquad (H)$$

73. APPLICATION. Soit $a_n = q^{n-1}$, auquel cas la série devient

$$q^{\alpha-1}1 + q^\alpha(1+q) + q^{\alpha+1}(1+q+q^2) + q^{\alpha+2}(1+q+q^2+q^3) + \ldots$$

Nous aurons

$$A_{\alpha-1} = 1+q+q^2+\ldots+q^{\alpha-2} = \frac{1-q^{\alpha-1}}{1-q}, \quad A_{\alpha+n-1} = \frac{1-q^{\alpha+n-1}}{1-q},$$

$$B_{\alpha-1} = 1+q^2+q^4+\ldots+q^{2(\alpha-2)} = \frac{1-q^{2\alpha-2}}{1-q^2}, \quad B_{\alpha+n-1} = \frac{1-q^{2\alpha+2n-2}}{1-q^2},$$

$$C_n = q^{\alpha-1}(q+q^2+\ldots+q^{\alpha-1}) + q^\alpha(q^2+q^3+\ldots+q^\alpha) + \ldots + q^{\alpha+n-2}(q^n+q^{n+1}+\ldots+q^{\alpha+n-2})$$

$$= q^\alpha \frac{1-q^{\alpha-1}}{1-q}[1+q^2+q^4+\ldots+q^{2n-2}] = q^\alpha \frac{(1-q^{\alpha-1})(1-q^{2n})}{(1-q)(1-q^2)}.$$

Donc

$$2S_n = \frac{q^{2\alpha-2}(1-q^{2n+2})}{1-q^2} + \frac{(1-q^{\alpha+n-1})^2 - (1-q^{\alpha-1})^2}{(1-q)^2} - 2q^\alpha \frac{(1-q^{\alpha-1})(1-q^{2n})}{(1-q)(1-q^2)},$$

ou, en simplifiant,

$$S_n = \frac{q^{\alpha-1}(1-q^n)(1-q^{n+1})}{(1-q)(1-q^2)} + \frac{1}{2}q^{2\alpha+2n-2}.$$

Cette formule donne

$$\lim S_n = S = \frac{q^{\alpha-1}}{(1-q)(1-q^2)},$$

ainsi qu'on peut le vérifier directement.

CHAPITRE IV.

APPLICATION DES QUADRATURES A LA SOMMATION DES SÉRIES.

74. En attendant que nous fassions connaître des méthodes générales de sommation, nous indiquerons quelques formules très-simples (*), qui permettent de sommer certaines séries, sinon exactement, du moins avec une approximation très-suffisante dans la plupart des cas.

75. THÉORÈME XVIII. *Soit* f(x) *une fonction positive et indéfiniment décroissante, du moins à partir de* $x = a-1$; *soit* F(x) *la fonction primitive de* f(x). *Si l'on désigne par* S_n *la somme des* n *premiers termes de la série*

$$f(a) + f(a+1) + \ldots + f(a+n-1) + \ldots$$

on aura

$$S_n > F(a+n) - F(a), \quad S_n < F(a+n-1) - F(a-1). \quad \text{(A) (**)}$$

76. *Remarque.* Si $F(x)$ devient infinie pour $x = a-1$, on remplacera la seconde formule par

$$S_n < F(a+n) - F(a) + f(a) - f(a+n),$$

ainsi qu'on l'a déjà vu (27, II). Conséquemment :

77. THÉORÈME XIX. *Les mêmes choses étant posées que dans le Théorème XVIII, on a*

$$\left. \begin{array}{l} S_n > F(a+n) - F(a), \\ S_n < F(a+n) - F(a) + f(a) - f(a+n). \end{array} \right\} \quad \text{(B)}$$

78. *Remarque.* La limite de l'erreur à laquelle donne lieu l'application des formules (B) est

$$\alpha = f(a) - f(a+n).$$

---

79. Théorème XX.

$$S_n > F(a+n-1) - F(a) + \frac{1}{2}[f(a) + f(a+n-1)],$$

$$S_n < F\left(a+n-\frac{3}{2}\right) - F\left(a+\frac{1}{2}\right) + f(a) + f(a+n-1). \qquad (C)$$

Démonstration. 1° Soit ABC......NP le lieu de l'équation $u = f(x)$. Soient

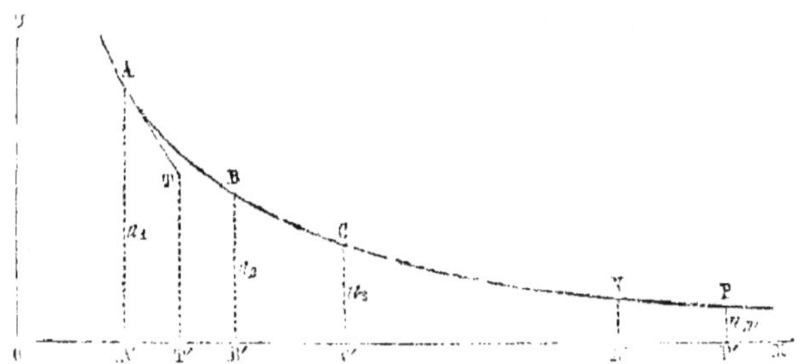

$$AA' = u_1 = f(a), \quad BB' = u_2 = f(a+1), \quad ..... \quad PP' = u_n = f(a+n-1).$$

Si, comme on le fait dans la *méthode des trapèzes* (*), on mène les cordes AB, BC, ..., NP, on aura

$$\frac{1}{2}(u_1 + u_2) > F(a+1) - F(a),$$

$$\frac{1}{2}(u_2 + u_3) > F(a+2) - F(a+1),$$

$$. \quad . \quad . \quad . \quad . \quad . \quad . \quad . \quad . \quad . \quad . \quad . \quad .$$

$$\frac{1}{2}(u_{n-1} + u_n) > F(a+n-1) - (F+n-2).$$

Donc $\quad S_n > F(a+n-1) - F(a) + \frac{1}{2}(u_1 + u_n),$

ou $\quad S_n > F(a+n-1) - F(a) + \frac{1}{2}[f(a) + f(a+n-1)].$

2° Conformément à la *méthode de M. Poncelet*, menons les tangentes aux points B, C, D, ..., N. Prolongeons la première jusqu'aux ordonnées passant par les milieux de A'B' et de B'C'; prolongeons la deuxième tangente jusqu'à cette deuxième ordonnée et

---

(*) *Manuel des candidats à l'École polytechnique*, t. II, p. 293.

jusqu'à celle qui passe au milieu de $C'D'$, etc. En faisant la somme des trapèzes ainsi déterminés, nous aurons

$$u_2 + u_3 + \ldots + u_{n-1} < F\left(a+n-\frac{3}{2}\right) - F\left(a+\frac{1}{2}\right),$$

ou $\qquad S_n < F\left(a+n-\frac{3}{2}\right) - F\left(a+\frac{1}{2}\right) + f(a) + f(a+n-1).$

80. Théorème XXI.

$$\left.\begin{array}{l} S_n > F(a+n-1) - F(a) + \frac{1}{2}[f(a) + f(a+n-1)], \\[2mm] S_n < F(a+n-1) - F(a) + \frac{1}{2}[f(a) + f(a+n-1)] - \frac{1}{8}[f'(a) - f'(a+n-1)]. \end{array}\right\} \text{(D)}$$

Démonstration. Soit $ATT'A'$ le trapèze déterminé par la tangente en A, l'ordonnée au milieu de $A'B'$, etc. On a, en désignant par $f'(a)$ la dérivée de $f(x)$,

$$TT' = u_1 + \frac{1}{2}f'(a);$$

donc $\qquad ATT'A' = \frac{1}{4}\left[2u_1 + \frac{1}{2}f'(a)\right];$

puis $\qquad \frac{1}{2}u_1 + \frac{1}{8}f'(a) < F\left(a+\frac{1}{2}\right) - F(a).$

On trouverait, de la même manière,

$$\frac{1}{2}u_n - \frac{1}{8}f'(a+n-1) < F(a+n-1) - F\left(a+n-\frac{3}{2}\right).$$

Ces deux inégalités, combinées avec

$$u_2 + u_3 + \ldots + u_{n-1} < F\left(a+n-\frac{3}{2}\right) - F\left(a+\frac{1}{2}\right),$$

donnent

$$S_n < F(a+n-1) - F(a) + \frac{1}{2}[f(a) + f(a+n-1)] - \frac{1}{8}[f'(a) - f'(a+n-1)].$$

81. *Remarque.* La limite de l'erreur résultant des formules (D) est

$$\beta = \frac{1}{8}[f'(a) - f'(a+n-1)].$$

82. Lemme. Si $f(x)$ est une fonction positive et indéfiniment décroissante, dont la première dérivée soit croissante et dont la seconde dérivée soit décroissante, on aura

$$f(x-h) - f(x+h) + 2hf'(x) > 0.$$

Démonstration. Représentons par $\varphi(h)$ le premier membre ; nous aurons

$$\varphi'(h) = -f'(x-h) - f'(x+h) + 2f'(x).$$

Par de simples considérations géométriques, ou par les premières notions sur les dérivées, on trouve

$$f'(x+h) = f'(x) + hf''(x+\theta h),$$
$$f'(x-h) = f'(x) - hf''(x-\theta_1 h) \ (*);$$

θ, θ_1 étant des quantités comprises entre 0 et 1. Conséquemment

$$\varphi'(h) = h[f''(x-\theta_1 h) - f''(x+\theta h)];$$

ou, d'après l'une des hypothèses précédentes,

$$\varphi'(h) > 0.$$

La fonction $\varphi(h)$ est donc *croissante*. D'ailleurs, elle s'annule avec h ; donc, etc.

83. Corollaire I. Les points A, B, C ayant pour abscisses $x-h$, x, $x+h$, l'angle *aigu* formé par la tangente TBS et par l'axe Ox est *plus petit* que l'angle aigu formé par cet axe et par la corde AC.

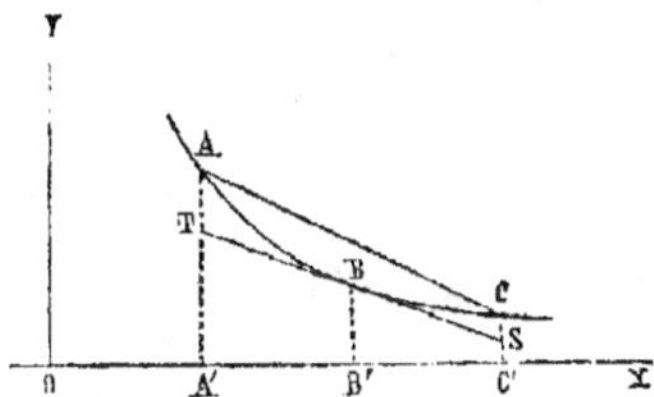

En effet, l'inégalité précédente équivaut à

$$-f'(x) < \frac{f(x-h) - f(x+h)}{2h}.$$

84. Corollaire II. Si, par les points A, B, C, on fait passer une parabole dont l'axe soit parallèle à Oy, la partie de cette courbe située

---

entre A et B sera *au-dessus* de AB, et l'arc de la même courbe, situé entre B et C, sera *au-dessous* de BC (*).

85. **Théorème XXII.**

$$S_n < F(a+n-1) - F(a+1) + \tfrac{15}{12} f(a) + \tfrac{5}{12} f(a+1) - \tfrac{1}{12} f(a+n-2) + \tfrac{7}{12} f(a+n-1),$$

$$S_n > F(a+n-1) - F(a+1) + f(a) + \tfrac{7}{12} f(a+1) - \tfrac{1}{12} f(a+2) + \tfrac{5}{12} f(a+n-1) + \tfrac{1}{12} f(a+n). \qquad (E)$$

Démonstration. 1° Le second corollaire donne (**)

$$\tfrac{5}{12} u_3 + \tfrac{2}{3} u_2 - \tfrac{1}{12} u_1 < F(a+2) - F(a+1),$$

$$\tfrac{5}{12} u_4 + \tfrac{2}{3} u_3 - \tfrac{1}{12} u_2 < F(a+3) - F(a+2),$$

$$\cdots \cdots \cdots \cdots \cdots$$

$$\tfrac{5}{12} u_n + \tfrac{2}{3} u_{n-1} - \tfrac{1}{12} u_{n-2} < F(a+n-1) - F(a+n-2) ;$$

d'où, en ajoutant et réduisant,

$$S_n < F(a+n-1) - F(a+1) + \tfrac{15}{12} u_1 + \tfrac{5}{12} u_2 - \tfrac{1}{12} u_{n-1} + \tfrac{7}{12} u_n.$$

2° Le même corollaire donne aussi :

$$\tfrac{5}{12} u_2 + \tfrac{2}{3} u_3 - \tfrac{1}{12} u_4 > F(a+2) - F(a+1),$$

$$\tfrac{5}{12} u_3 + \tfrac{2}{3} u_4 - \tfrac{1}{12} u_5 > F(a+3) - F(a+2),$$

$$\cdots \cdots \cdots \cdots \cdots$$

$$\tfrac{5}{12} u_{n-1} + \tfrac{2}{3} u_n - \tfrac{1}{12} u_{n+1} > F(a+n-1) - F(a+n-2) ;$$

etc.

86. *Remarque.* L'erreur qui résulte de l'emploi des formules (E) est inférieure à

$$\gamma = \tfrac{1}{12}(u_1 - 2u_2 + u_3) - \tfrac{1}{12}(u_{n-1} - 2u_n + u_{n+1}),$$

(*) Pour abréger, nous supprimons la démonstration : elle ne présente aucune difficulté si l'on a égard aux hypothèses ci-dessus (82), et si, au moyen de la formule d'interpolation de Lagrange, *on écrit* l'équation de la parabole.

(**) *Nouvelles Annales de Mathématiques*, t. X, p. 414.

et, à plus forte raison, inférieure à

$$\delta = \frac{1}{12}(u_1 - 2u_2 + u_3) \quad (^*).$$

87. **Résumé des théorèmes précédents.** S_n *représentant la somme des* n *premiers termes de la série*

$$f(a) + f(a+1) + f(a+2) + \ldots + f(a+n-1) + \ldots,$$

et $F(x)$ *étant la fonction primitive de la fonction* $f(x)$, *laquelle est supposée positive et indéfiniment décroissante, on a :*

$$1° \ S_n > F(a+n) - F(a),$$
$$S_n < F(a+n) - F(a) + f(a) - f(a+n) ; \qquad \Big\} (B)$$

$$2° \ S_n > F(a+n-1) - F(a) + \frac{1}{2}[f(a) + f(a+n-1)],$$
$$S_n < F\left(a+n-\frac{3}{2}\right) - F\left(a+\frac{1}{2}\right) + f(a) + f(a+n-1) ; \qquad \Big\} (C)$$

$$3° \ S_n > F(a+n-1) - F(a) + \frac{1}{2}[f(a) + f(a+n-1)],$$
$$S_n < F(a+n-1) - F(a) + \frac{1}{2}[f(a) + f(a+n-1)] - \frac{1}{8}[f'(a) - f'(a+n-1)] ; \qquad \Big\} (D)$$

$$4° \ S_n > F(a+n-1) - F(a+1) + f(a) + \frac{7}{12}f(a+1) - \frac{1}{12}f(a+2) + \frac{5}{12}f(a+n-1) + \frac{1}{12}f(a+n),$$
$$S_n < F(a+n-1) - F(a+1) + \frac{15}{12}f(a) + \frac{5}{12}f(a+1) - \frac{1}{12}f(a+n-2) + \frac{7}{12}f(a+n-1). \qquad \Big\} (E)$$

Applications.

88. I. *Évaluer la somme des 1000 premiers termes de la série harmonique.*

On a, à moins d'une unité du septième ordre,

$$S_{1000} = 7,4854709 \quad (^{**}).$$

(*) En effet, la courbe ABC...NP (79) étant convexe vers l'axe des abscisses, on a

$$u_n < \frac{u_{n-1} + u_{n+1}}{2},$$

ou

$$u_{n-1} - 2u_n + u_{n+1} > 0.$$

On peut remarquer, en outre, que δ *représente le douzième de l'aire du parallélogramme déterminé par les ordonnées* AA', CC', *la corde* AC *et la parallèle à cette corde menée par le point* B.

Ajoutons enfin que, les formules précédentes pouvant être variées de bien des manières, nous avons essayé de les présenter sous la forme la plus simple possible.

(**) *Comptes rendus de l'Académie des sciences*, séance du **22** septembre **1856**.

Cela posé :

1° Les formules (B) donnent :

$$S_{1000} > l\,1001, \qquad S_{1000} < l\,1001 + 1 - \frac{1}{1001},$$

ou

$$S_{1000} > 6{,}907\,755\,3, \qquad S_{1000} < 7{,}906\,756\,3 \,;$$

2° Les formules (C) :

$$S_{1000} > l\,1000 + \frac{1}{2}\,1{,}001, \qquad S_{1000} < l\,1999 - l\,3 + 1{,}001,$$

ou

$$S_{1000} > 7{,}408\,255\,28, \qquad S_{1000} < 7{,}502\,790\,05 \,;$$

3° Les formules (D) :

$$S_{1000} > 7{,}408\,255\,28, \qquad S_{1000} < 7{,}408\,255\,28 + \frac{1}{8}\Big[1 - \frac{1}{1000^2}\Big],$$

ou

$$S_{1000} > 7{,}408\,255\,28, \qquad S_{1000} < 7{,}533\,255\,28 \,;$$

4° Les formules (E) :

$$S_{1000} > l\,1000 - l\,2 + 1 + \frac{7}{24} - \frac{1}{36} + \frac{5}{12}\,.0{,}001 + \frac{1}{12}\frac{1}{1001}.$$

$$S_{1000} < l\,1000 - l\,2 + \frac{13}{12} + \frac{5}{24} - \frac{1}{12}\cdot\frac{1}{999} + \frac{7}{12}\,.0{,}001,$$

ou

$$S_{1000} > 7{,}478\,996\,91, \qquad S_{1000} < 7{,}506\,774\,68.$$

89. *Remarque.* Dans cet exemple, les résultats les plus approchés ont été donnés par la seconde des formules (C) et par la première des formules (E). Si l'on adopte ces deux formules, on aura donc ce nouveau système :

$$\left.\begin{aligned}
S_n &> F(a+n-1) - F(a+1) + f(a) + \frac{7}{12}f(a+1) - \frac{1}{12}f(a+2) + \frac{5}{12}f(a+n-1) + \frac{1}{12}f(a+n), \\
S_n &< F\Big(a+n-\frac{5}{2}\Big) - F\Big(a+\frac{1}{2}\Big) + f(a) + f(a+n-1).
\end{aligned}\right\} \text{(F)}$$

A partir d'une valeur suffisamment grande de n, la limite de l'erreur commise sera, très-sensiblement,

$$\varepsilon = F(a+1) - F\Big(a - \frac{1}{2}\Big) - \frac{7}{12}f(a+1) + \frac{1}{12}f(a+2) \ (^*).$$

$(^*)$ En effet, $lim\left[F(a+n-1) - F\Big(a+n-\frac{3}{2}\Big)\right] = 0$, lors même que la série est divergente.

90. II. *Évaluer*

$$S = \frac{1}{10} + \frac{1}{11} + \frac{1}{12} + \ldots + \frac{1}{1000}.$$

Si, dans les formules (F), on fait $f(a) = \frac{1}{10}$, $n = 1000$, on obtient

$$S > l\,1000 - l\,11 + 0,1 + \frac{7}{12} \cdot \frac{1}{11} - \frac{1}{12^2} + \frac{5}{12} \cdot 0,001 + \frac{1}{12} \cdot \frac{1}{1001},$$

$$S < l\,1999 - l\,21 + 0,101,$$

ou

$$S > 4,656\,445\,79, \qquad S < 4,656\,879\,90.$$

91. *Remarque.* Si à chacun de ces deux nombres on ajoute $1 + \frac{1}{2} + \frac{1}{3} + \ldots + \frac{1}{9}$, on aura deux limites entre lesquelles seront comprises S_{1000}, et ces limites seront beaucoup plus approchées que les premières. Or,

$$1 + \frac{1}{2} + \frac{1}{3} + \frac{1}{4} + \frac{1}{5} + \frac{1}{6} + \frac{1}{7} + \frac{1}{8} + \frac{1}{9} = 2,828\,968\,25 \ldots;$$

donc $\quad S_{1000} > 7,485\,414\,04, \quad S_{1000} < 7,485\,848\,15.$

92. III. *Entre quelles limites est comprise la somme*

$$S = \frac{1}{1\,000\,001} + \frac{1}{1\,000\,002} + \ldots + \frac{1}{2\,000\,000} ?$$

Les formules (D) donnent :

$$S > l\,2\,000\,000 - l\,1\,000\,001 + \frac{1}{2}\left[\frac{1}{1\,000\,001} + \frac{1}{2\,000\,000} \right],$$

$$S < l\,2\,000\,000 - l\,1\,000\,001 + \frac{1}{2}\left[\frac{1}{1\,000\,001} + \frac{1}{2\,000\,000} \right] + \frac{1}{8}\left[\frac{1}{1\,000\,001^2} - \frac{1}{2\,000\,000^2} \right]$$

ou $\quad S > 0,693\,146\,930\,559\,945, \quad S < 0,693\,146\,930\,560\,039.$

On a donc ainsi, avec *treize* décimales exactes, la valeur du *deuxième million* de termes de la série harmonique.

93. IV. *Évaluer*

$$S_n = \frac{l2}{4} + \frac{l3}{9} + \frac{l4}{16} + \ldots + \frac{l(n+1)}{(n+1)^2}.$$

1° En prenant $f(x) = \frac{lx}{x^2}$, on a

$$F(x) = C - \frac{lx}{x} - \frac{1}{x};$$

donc, par les formules (D),

$$S_n>\frac{l2}{2}+\frac{1}{2}-\frac{l(n+1)}{n+1}-\frac{1}{n+1}+\frac{1}{2}\left[\frac{l2}{4}+\frac{l(n+1)}{n+1}\right],$$

$$S_n<\frac{l2}{2}+\frac{1}{2}-\frac{l(n+1)}{n+1}-\frac{1}{n+1}+\frac{1}{2}\left[\frac{l2}{4}+\frac{l(n+1)}{n+1}\right]-\frac{1}{8}\left[\frac{1-2l2}{8}-\frac{1-2l(n+1)}{(n+1)^3}\right];$$

et

$$S>\frac{1}{2}+\frac{3}{8}l2, \qquad\qquad S<\frac{31}{64}+\frac{21}{32}l2;$$

c'est-à-dire

$$S>0,933\,216\,99\ldots\ldots \qquad S<0,939\,252\,84.$$

2° Les formules (E) donnent

$$S>\frac{l3}{3}+\frac{1}{3}+\frac{l2}{4}+\frac{7}{12}\frac{l3}{9}-\frac{1}{12}\frac{l4}{16}, \qquad S<\frac{l3}{3}+\frac{1}{3}+\frac{13}{12}\frac{l2}{4}+\frac{5}{12}\frac{l3}{9},$$

ou

$$S>\frac{43}{108}l3+\frac{25}{96}l2+\frac{1}{3}, \qquad\qquad S<\frac{41}{108}l2+\frac{13}{48}l2+\frac{1}{3},$$

ou enfin

$$S>0,936\,810\,23, \qquad\qquad S<0,938\,127\,34;$$

donc, à moins de 0,002,

$$S=0,937.$$

94. V. *Évaluer*

$$S_n=\frac{1}{a^p}+\frac{1}{(a+1)^p}+\ldots+\frac{1}{(a+n-1)^p},$$

l'exposant p étant supposé plus grand que l'unité.

A cause de $f'(x)=x^{-p}$, on a

$$F(x)=C-\frac{1}{(p-1)x^{p-1}};$$

donc

$$S_n>\frac{1}{p-1}\left[\frac{1}{a^{p-1}}-\frac{1}{(a+n)^{p-1}}\right],\quad S_n<\frac{1}{p-1}\left[\frac{1}{(a-1)^{p-1}}-\frac{1}{(a+n-1)^{p-1}}\right];\ \text{(A)}$$

$$S_n>\frac{1}{p-1}\left[\frac{1}{a^{p-1}}-\frac{1}{(a+n)^{p-1}}\right],\quad S_n<\frac{1}{p-1}\left[\frac{1}{a^{p-1}}-\frac{1}{(a+n)^{p-1}}\right]+\frac{1}{a^p}-\frac{1}{(a+n)^p};\ \text{(B)}$$

$$S_n>\frac{1}{p-1}\left[\frac{1}{a^{p-1}}-\frac{1}{(a+n-1)^{p-1}}\right]+\frac{1}{2}\left[\frac{1}{a^p}+\frac{1}{(a+n-1)^p}\right],$$

$$S_n<\frac{1}{p-1}\left[\frac{1}{\left(a+\frac{1}{2}\right)^{p-1}}-\frac{1}{\left(a+n-\frac{3}{2}\right)^{p-1}}\right]+\frac{1}{a^p}+\frac{1}{(a+n-1)^p};\ \left.\begin{array}{c}\ \\ \ \end{array}\right\}\ \text{(C)}$$

$$S_n > \frac{1}{p-1}\left[\frac{1}{a^{p-1}} - \frac{1}{(a+n-1)^{p-1}}\right] + \frac{1}{2}\left[\frac{1}{a^p} + \frac{1}{(a+n-1)^p}\right],$$

$$S_n < \frac{1}{p-1}\left[\frac{1}{a^{p-1}} - \frac{1}{(a+n-1)^{p-1}}\right] + \frac{1}{2}\left[\frac{1}{a^p} + \frac{1}{(a+n-1)^p}\right] + \frac{1}{8}p\left[\frac{1}{a^{p+1}} - \frac{1}{(a+n-1)^{p+1}}\right];$$

$$(D)$$

etc. Ces formules peuvent servir à calculer, avec une approximation plus ou moins grande, soit *les sommes des puissances semblables né-gatives d'un certain nombre de termes appartenant à la suite naturelle*, soit *les limites vers lesquelles tendent ces sommes*. Par exemple, les formules (D) donnent

$$1,3737 > \frac{1}{1^3} + \frac{1}{2^3} + \dots + \frac{1}{20^3} > 0,9987;$$

$$\frac{11}{8} > \frac{1}{1^3} + \frac{1}{2^3} + \frac{1}{3^3} + \dots > 1.$$

95. *Remarques.* I. On voit que *la somme des cubes des inverses des nombres naturels* est comprise entre 1 et $\frac{11}{8}$. Par d'autres méthodes on trouve, pour valeur de cette somme, le nombre

$$1,202\,056\dots\, (^*).$$

II. Si, dans les formules du numéro précédent, on changeait p en $-p$, on pourrait les faire servir, moyennant certaines modifica-tions $(^{**})$, au calcul de la *somme des puissances semblables et positives des nombres naturels* $(^{***})$. Il est vrai que les résultats seraient géné-ralement peu approchés.

Digression sur les séries divergentes.

96. Nous avons fait voir, dans le chapitre II (9), que *la somme d'un nombre indéfiniment grand de termes consécutifs, appartenant à une série divergente, peut, dans certains cas, avoir pour limite zéro*. A plus forte raison, cette somme peut tendre vers une limite finie, s'il existe, entre le nombre n de ces termes et le rang a du premier

---

$(^*)$ Lacroix, t. III, p. 149.

$(^{**})$ Par exemple, dans la formule (A) on devrait changer $>$ en $<$.

$(^{***})$ Voyez, sur ce sujet, les *Nouvelles Annales de Mathématiques*, t. VX, p. 230.

d'entre eux, une relation *convenablement choisie*. Le Théorème XIX entraîne, en effet, la proposition suivante :

97. THÉORÈME XXIII. *Si le nombre entier* n *est une fonction donnée du nombre entier* a. *qui devienne infinie en même temps que* a, *et si la différence* $F(a+n) - F(a)$ *tend vers une limite* λ *lorsque* a *croît indéfiniment, on a*

$$\lim [f(a) + f(a+1) + \ldots + f(a+n-1)] = \lambda.$$

98. APPLICATIONS. I. Soient

$$f(a) = \frac{1}{a}, \quad n = (p-1)a + q,$$

p et q étant deux nombres entiers donnés. On aura

$$F(a) = l\,a + C,$$

$$F(a+n) - F(a) = l\left(p + \frac{q}{a}\right), \quad \lambda = l\,p ;$$

donc

$$\lim \left[\frac{1}{a} + \frac{1}{a+1} + \ldots + \frac{1}{pa+q-1} \right] = l\,p.$$

En particulier

$$\lim \left[\frac{1}{a} + \frac{1}{a+1} + \ldots + \frac{1}{2a-1} \right] = l\,2.$$

II. Soient

$$f(a) = \frac{1}{a\,la}, \quad n = a^2 ;$$

d'où
$$F(a) = l\,la + c,$$

$$F(a+n) - F(a) = l\,\frac{l(a+a^2)}{la} = l\,\frac{la^2 + l\left(1 + \frac{1}{a}\right)}{la} ;$$

puis $\lambda = l\,2$ et

$$\lim \left[\frac{1}{a\,la} + \frac{1}{(a+1)l(a+1)} + \ldots + \frac{1}{(a^2+a-1)l(a^2+a-1)} \right] = l\,2.$$

III. Soient, enfin,

$$f(x) = \frac{1}{\sqrt{x}}, \quad a = b^2, \quad n = 2b + 1,$$

b étant un nombre entier.

Ces hypothèses donnent

$$\mathrm{F}(x) = 2\sqrt{x} + \mathrm{C}, \quad \mathrm{F}(a+n) - \mathrm{F}(a) = 2 :$$

donc

$$\lim \left| \frac{1}{\sqrt{b^2}} + \frac{1}{\sqrt{b^2+1}} + \ldots + \frac{1}{\sqrt{b^2+2b}} \right| = 2.$$

99. *Remarque.* A cause des formules (B) du numéro 77, on a

$$\frac{1}{\sqrt{b^2}} + \frac{1}{\sqrt{b^2+1}} + \ldots + \frac{1}{\sqrt{b^2+2b}} > 2,$$

$$\frac{1}{\sqrt{b^2}} + \frac{1}{\sqrt{b^2+1}} + \ldots + \frac{1}{\sqrt{b^2+2b}} < 2 + \frac{1}{b(b+1)}.$$

ce qui est assez curieux.

CHAPITRE V.

DÉVELOPPEMENTS EN SÉRIES.

100. Etant donnée une fonction d'une ou de plusieurs variables, $f(x, y, z, \ldots)$, on peut se proposer de la développer en série, ou de trouver une série convergente

$$u_1 + u_2 + u_3 + \ldots + u_n + \ldots$$

qui ait pour limite $f(x, y, z, \ldots)$. Par exemple, *le développement de* $\frac{1}{1-x}$, *ordonné suivant les puissances entières et positives de* x, *est*

$$1 + x + x^2 + x^3 + \ldots :$$

en effet, lorsque cette série est convergente, elle a pour limite $\frac{1}{1-x}$.

101. *Remarque. Une même fonction peut admettre plusieurs développements* (*) : la fonction $\frac{1}{1-x}$, égale à

$$1 + x + x^2 + x^3 + \ldots,$$

est développable aussi suivant la série

$$1 + \frac{x}{1+x} + \frac{1.2.x^2}{(1+x)(1+2x)} + \frac{1.2.3.x^3}{(1+x)(1+2x)(1+3x)} + \ldots,$$

lorsque x est positif et plus petit que 1 (**).

102. Parmi les développements dont une fonction est susceptible, celui qui procède suivant les puissances entières et positives d'une variable, étant ordinairement le plus simple (***), est aussi celui que

---

(*) Et même *une infinité de développements.*

(**) Ceci résulte de ce que l'on a vu ci-dessus (59, I).

(***) Il est essentiel d'observer *qu'une fonction d'une variable* x *n'est pas toujours développable suivant les puissances entières et positives de* x. Par exemple, on ne saurait avoir

$$log\, x = A + Bx + Cx^2 + Dx^3 + \ldots$$

A, B, C, D, $\ldots$ étant des constantes. En effet, cette équation se réduirait, pour $x=0$, à

$$-\infty = A.$$

l'on cherche presque toujours, de préférence à tous les autres. Les propositions suivantes servent à résoudre les questions les plus importantes, relatives à ce genre de développement.

Théorème de Taylor.

103. On sait que, $f(x)$ étant une fonction entière, du degré m, on a, quel que soit l'accroissement h,

$$f(x+h) = f(x) + \frac{h}{1} f'(x) + \frac{h^2}{1 \cdot 2} f''(x) + \ldots\ldots + \frac{h^m}{1 \cdot 2 \ldots\ldots m} f^m(x).$$

Lorsque $f(x)$ est une fonction quelconque, cette relation doit être modifiée ainsi qu'il suit :

104. Théorème XXIV (Théorème de Taylor). *Si* $f^{n+1}(z)$ *reste finie et continue pour toutes les valeurs de* z *comprises entre* x *et* x$+$h, *on a*

$$f(x+h) = f(x) + \frac{h}{1} f'(x) + \frac{h^2}{1 \cdot 2} f''(x) + \ldots + \frac{h^n}{1 \cdot 2 \ldots n} f^n(x)$$
$$+ \frac{h^{n+1}(1-\theta)^{n-p}}{1 \cdot 2 \ldots n(p+1)} f^{n+1}(x+\theta h), \qquad (1)$$

p *étant un nombre pris arbitrairement entre* 0 *et* n, *et* θ *étant un nombre inconnu, compris entre* 0 *et* 1.

Démonstration. Représentons par R le *reste* que l'on obtient en retranchant de $f(x+h)$ la somme des $n+1$ premiers termes du second membre : il s'agit de prouver que

$$R = \frac{h^{n+1}(1-\theta)^{n-p}}{1 \cdot 2 \ldots n(p+1)} f^{n+1}(x+\theta h) \ (^*). \qquad (2)$$

En remplaçant x par $a-h$, on a d'abord

$$R = f(a) - f(a-h) - \frac{h}{1} f'(a-h) - \frac{h^2}{1 \cdot 2} f''(a-h) - \ldots - \frac{h^n}{1 \cdot 2 \ldots n} f^n(a-h) = \varphi(h); \ (3)$$

(*) Cette forme du reste, qui comprend les deux formes ordinaires

$$R = \frac{h^{n+1}}{1 \cdot 2 \ldots n(n+1)} f^{n+1}(x+\theta h), \quad R = \frac{h^{n+1}(1-\theta)^n}{1 \cdot 2 \ldots n} f^{n+1}(x+\theta h),$$

a été donnée par M. Édouard Roche (*Journal de Liouville*, t. XXIII, p. 271). Elle est comprise elle-même dans une expression très-générale, due à M. Schlömilch, que nous ferons connaître.

d'où, en prenant la dérivée par rapport à h :

$$R' = \varphi'(h) = f'(a-h) + \frac{h}{1} f''(a-h) + \frac{h^2}{1.2} f'''(a-h) + \ldots + \frac{h^{n-1}}{1.2\ldots(n-1)} f^n(a-h) + \frac{h^n}{1.2\ldots n} f^{n+1}(a-h)$$
$$- f'(a-h) - \frac{h}{1} f''(a-h) - \frac{h^2}{1.2} f'''(a-h) - \ldots - \frac{h^{n-1}}{1.2\ldots(n-1)} f^n(a-h) ;$$

c'est-à-dire

$$\varphi'(h) = \frac{h^n}{1.2\ldots n} f^{n+1}(a-h). \tag{4}$$

D'un autre côté, l'égalité (3) donne

$$\varphi(0) = 0. \tag{5}$$

Conséquemment, il s'agit de déterminer la fonction $\varphi(h)$, s'il est possible, par la connaissance de sa dérivée et par la condition (5). A cet effet, nous démontrerons d'abord la proposition suivante (*).

105. Lemme. *Si les fonctions $\varphi(x)$, $\varphi'(x)$, $\psi(x)$, $\psi'(x)$ restent finies et continues depuis $x = a$ jusqu'à $x = b$, et que la fonction $\psi'(x)$ ne s'annule pas dans cet intervalle, on a*

$$\frac{\varphi(b) - \varphi(a)}{\psi(b) - \psi(a)} = \frac{\varphi'[a + \varepsilon(b-a)]}{\psi'[a + \varepsilon(b-a)]}, \tag{6}$$

ε *étant un nombre inconnu, compris entre 0 et 1.*

Démonstration. Soit la fonction

$$F(x) = [\varphi(b) - \varphi(a)] \psi(x) - [\psi(b) - \psi(a)] \varphi(x) :$$

d'après les hypothèses précédentes, elle est continue, aussi bien que sa dérivée, depuis $x = a$ jusqu'à $x = b$. Or,

$$F(a) = \varphi(b) \psi(a) - \psi(b) \varphi(a), \quad F(b) = -\varphi(a) \psi(b) + \psi(a) \varphi(b) = F(a).$$

Par conséquent, $F'(x)$ s'annule *au moins une fois*, entre $x = a$ et $x = b$; ou, ce qui est équivalent, l'équation $F'(x) = 0$ a au moins une racine comprise entre a et b. C'est précisément ce qu'exprime la relation (6) : cette relation est donc démontrée.

106. Dans la formule (6), supposons, successivement,

$$a = 0, \quad b = h, \quad \psi(x) = x^{p+1}, \quad \varepsilon = 1 - \theta ;$$

(*) Cette marche a été indiquée par M. Schlömilch (*Journal de Liouville*, nov. 1858).

nous obtiendrons les corollaires suivants :

$$\varphi(h) = \varphi(0) + \frac{\psi(h) - \psi(0)}{\psi'(\varepsilon h)} \varphi'(\varepsilon h), \qquad (7)$$

$$\varphi(h) = \varphi(0) + \frac{h}{(p+1)\varepsilon^p} \varphi'(\varepsilon h), \qquad (8)$$

$$\varphi(h) = \varphi(0) + \frac{h}{(p+1)(1-\theta)^p} \varphi'[(1-\theta)h], \qquad (9)$$

qui vont nous servir à compléter la démonstration du Théorème de Taylor.

107. En effet, les équations (3), (4), (5) donnent

$$\varphi(h) = \mathrm{R} = \frac{h^{n+1}(1-\theta)^n}{1.2\ldots n(p+1)(1-\theta)^p} f^{n+1}[a - (1-\theta)h],$$

ou, en remettant x au lieu de $a - h$,

$$\mathrm{R} = \frac{h^{n+1}(1-\theta)^{n-p}}{1.2\ldots n(p+1)} f^{n+1}(x + \theta h) :$$

ce qui est précisément l'équation (2).

108. *Remarques.* I. Si le reste R tend vers zéro lorsque n croît indéfiniment, on a

$$f(x+h) = f(x) + \frac{h}{1} f'(x) + \frac{h^2}{1.2} f''(x) + \ldots + \frac{h^n}{1.2\ldots n} f^n(x) + \ldots \quad (A)$$

II. Pour que cette égalité ait lieu, ou que $f(x+h)$ soit développable suivant la *série de Taylor*, la valeur attribuée à x ne doit rendre infinie ni $f(x)$ ni aucune de ses dérivées. En même temps, l'accroissement h doit être suffisamment petit.

III. Si, dans la formule (2), on suppose, successivement, $p = n$, $p = 0$, on obtient

$$\mathrm{R} = \frac{h^{n+1}}{1.2.3\ldots n(n+1)} f^{n+1}(x + \theta h), \qquad (10)$$

$$\mathrm{R} = \frac{h^{n+1}(1-\theta)^n}{1.2.3\ldots n} f^{n+1}(x + \theta h). \qquad (11)$$

Ces deux formes du reste sont très-fréquemment employées.

IV. Au lieu de supposer la fonction $\psi(x)$ égale à x^{p+1}, laissons-la complétement arbitraire ; nous aurons, par les équations (7), (4), (5),

$$\varphi(h) = \mathrm{R} = \frac{\psi(h) - \psi(0)}{\psi'[(1-\theta)h]} \frac{(1-\theta)^n h^n}{1.2\ldots n} f^{n+1}[a - (1-\theta)h] :$$

64 TRAITÉ ÉLÉMENTAIRE DES SÉRIES.

ou

$$R = \frac{\psi(h) - \psi(0)}{\psi'[(1-\theta)h]} \frac{(1-\theta)^n h_n}{1.2.....n} f^{n+1}(x+\theta h). \qquad (12)$$

Dans cette expression très-générale du *reste de la série de Taylor* (*),
la fonction arbitraire $\psi(x)$ est assujettie seulement à ces deux conditions : 1° elle doit rester finie et continue depuis $x=0$ jusqu'à $x=h$;
2° sa dérivée $\psi'(x)$ doit, dans le même intervalle, rester finie, continue
et *différente de zéro*.

Série de Mac-Laurin.

109. THÉORÈME XXV. *Une fonction quelconque est développable*
suivant la série de Mac-Laurin :

$$f(x) = f(0) + \frac{x}{1} f'(0) + \frac{x^2}{1.2} f''(0) + \ldots + \frac{x^n}{1.2.....n} f^n(0) + \ldots, \qquad (B)$$

si la quantité

$$R = \frac{x^{n+1}(1-\theta)^{n+p}}{1.2.....n(p+1)} f^{n+1}(\theta x) \qquad (13)$$

tend vers zéro lorsque n *croît indéfiniment.*

Démonstration. En supposant $x=0$ dans la formule de Taylor, et
remplaçant ensuite la lettre h par la lettre x, on obtient

$$f(x) = f(0) + \frac{x}{1} f'(0) + \frac{x^2}{1.2} f''(0) + \ldots + \frac{x^n}{1.2....n} f^n(0) + \frac{x^{n+1}(1-\theta)^{n+p}}{1.2.....n(p+1)} f^{n+1}(\theta x);$$

etc.

110. *Remarques.* I. L'énoncé et la démonstration du dernier
théorème supposent que $f(x)$ et toutes ses dérivées restent finies et
continues pour $x=0$. Si le contraire arrivait, on remplacerait la
formule (4) par celle-ci :

$$f(x) = f(a) + \frac{x-a}{1} f'(a) + \frac{(x-a)^2}{1.2} f''(a) + \ldots + \frac{(x-a)^n}{1.2.....n} f^n(a) + \ldots, \qquad (14)$$

que l'on obtient en changeant x en a et h en $x-a$ dans la série de
Taylor.

(*) Due à M. Schlömilch.

II. *La série de Mac-Laurin, supposée convergente, peut n'avoir pas pour limite* f(x). Pour le faire voir, prenons

$$f(x) = \varphi(x) + e^{-\frac{1}{x^2}},$$

$\varphi(x)$ étant une fonction qui reste finie et continue, ainsi que ses dérivées, pour $x = 0$. Il est facile de reconnaître que la fonction exponentielle $e^{-\frac{1}{x^2}}$ et toutes ses dérivées s'annulent avec x. Si donc l'on appliquait la formule (4) au développement de $f(x)$, on trouverait

$$\varphi(x) + e^{-\frac{1}{x^2}} = \varphi(0) + \frac{x}{1}\varphi'(0) + \frac{x^2}{1.2}\varphi''(0) + \ldots + \frac{x^n}{1.2\ldots\ldots n}\varphi''(0) + \ldots$$

ou

$$\varphi(x) + e^{-\frac{1}{x^2}} = \varphi(x);$$

ce qui est absurde.

Applications des théories précédentes.

111. FORMULE DU BINÔME. **1°** Si l'on suppose $f(x) = (1+x)^m$, la série de Mac-Laurin devient

$$1 + \frac{m}{1}x + \frac{m(m-1)}{1.2}x^2 + \ldots + \frac{m(m-1)\ldots(m-n+1)}{1.2\ldots n}x^n + \ldots$$

Elle est convergente lorsque x est compris entre $+1$ et -1 (15, III); mais, afin de savoir si elle a pour limite $(1+x)^m$, il est essentiel de former l'expression du reste. Or, la formule (10) donne

$$R = \frac{m(m-1)\ldots(m-n)}{1.2\ldots(n+1)}x^{n+1}(1+\theta x)^{m-n-1}$$

$$= \pm\frac{m(m-1)\ldots(m-i-1)}{1.2\ldots i}.x^i \times \frac{(i-m)x}{i+1}.\frac{(i+1-m)x}{i+2}\ldots\frac{(n-m)x}{n+1} \times \frac{1}{(1+\theta x)^{n+1-m}},$$

i étant le nombre entier immédiatement supérieur à m.

Cela posé, si x est positif et moindre que l'unité, le produit

$$\frac{(i-m)x}{i+1}.\frac{(i+1-m)x}{i+2}\ldots\frac{(n-m)x}{n+1},$$

dont tous les facteurs sont inférieurs à x, a pour limite zéro. En même temps,

$$lim \frac{1}{(1+\theta x)^{n+1-m}} < 1 ;$$

donc
$$lim\, \mathrm{R} = 0,$$

et

$$(1+x)^m = 1 + \frac{m}{1}x + \frac{m(m-1)}{1.2}x^2 + \dots + \frac{m(m-1)\dots(m-n+1)}{1.2\dots n}x^n + \dots \quad (\mathrm{C})$$

2° Soit $f(x) = (1-x)^m$. Alors

$$(1-x)^m = 1 - \frac{m}{1}x + \frac{m(m-1)}{1.2}x^2 - \dots \pm \frac{m(m-1)\dots(m-n+1)}{1.2\dots n}x^n + \mathrm{R}.$$

Mais, à cause du facteur $\frac{1}{(1-\theta x)^{n+1-m}}$, qui peut être très-grand, et même infini, la valeur de R, employée ci-dessus, n'est plus applicable. Il faut donc recourir à la formule (11). Elle donne

$$\mathrm{R} = \pm \frac{m(m-1)\dots(m-n)}{1.2\dots n}x^{n+1}(1-\theta)^n \frac{1}{(1-\theta x)^{n+1-m}}$$
$$= \pm \frac{m(m-1)\dots(m-n)}{1.2\dots n}x^{n+1}(1-\theta x)^{m-1}\left(\frac{1-\theta}{1-\theta x}\right)^n.$$

Le premier facteur diminue encore indéfiniment lorsque n croît. De plus, à cause de $\frac{1-\theta}{1-\theta x} < 1$, le second facteur a pour limite zéro, ou du moins il reste inférieur à l'unité ; donc

$$lim\, \mathrm{R} = 0,$$

et

$$(1-x)^m = 1 - \frac{m}{1}x + \frac{m(m-1)}{1.2}x^2 - \dots \pm \frac{m(m-1)\dots(m-n+1)}{1.2\dots n}x^n \pm \dots \quad (^*). \ (\mathrm{D})$$

112. *Développement de e^x.* Si l'on prend $f(x) = e^x$, on a

$$f'(x) = e^x, \ f''(x) = e^x, \ \dots \ f(0) = 1, \ f'(0) = 1, \ f''(0) = 1, \ \dots ;$$

(*) Nous ne pouvons indiquer, ni pour la formule du binôme, ni pour les autres applications des séries de Taylor et de Mac-Laurin, les conséquences très-nombreuses et très-intéressantes que l'on en déduit. Nous renvoyons, pour ces détails, soit au *Manuel des candidats à l'École polytechnique*, soit aux Traités de Calcul différentiel.

donc

$$e^x = 1 + \frac{x}{1} + \frac{x^2}{1.2} + \ldots + \frac{x^n}{1.2\ldots n} + R,$$

avec

$$R = \frac{x^{n+1}}{1.2\ldots(n+1)} e^{\theta x}.$$

Quelle que soit la valeur attribuée à x, le terme général $\dfrac{x^n}{1.2\ldots n}$ a pour limite zéro (15, 1); donc il en est de même du reste R, attendu que le facteur $e^{\theta x}$ est nécessairement fini. Par suite,

$$e^x = 1 + \frac{x}{1} + \frac{x^2}{1.2} + \ldots + \frac{x^n}{1.2\ldots n} + \ldots \qquad (\text{E})$$

113. *Développement de* $\sin x$. De $f(x) = \sin x$ on déduit

$$f'(x) = \cos x, \qquad f''(x) = -\sin x, \quad f'''(x) = -\cos x,$$
$$f^{iv}(x) = \sin x = f(x), \quad f^{v}(x) = f'(x), \qquad \ldots;$$

puis

$$f(0) = 0, \quad f'(0) = 1, \quad f''(0) = 0, \quad f'''(0) = -1, \quad f^{iv}(0) = 0, \quad \ldots;$$

donc

$$\sin x = x - \frac{x^3}{1.2.3} + \frac{x^5}{1.2.3.4.5} - \ldots \pm \frac{x^{2n-1}}{1.2\ldots(2n-1)} \mp \frac{x^{2n+1}}{1.2\ldots(2n+1)} \cos(\theta x).$$

La fraction $\dfrac{x^{2n+1}}{1.2\ldots(2n+1)}$ a pour limite zéro; de plus, $\cos(\theta x)$ est compris entre -1 et $+1$. Par conséquent,

$$\sin x = x - \frac{x^3}{1.2.3} + \frac{x^5}{1.2.3.4.5} - \ldots \pm \frac{x^{2n-1}}{1.2.3\ldots(2n-1)} \mp \ldots, \qquad (\text{F})$$

quelle que soit la valeur de x.

114. *Développement de* $\cos x$. On trouve, absolument de la même manière,

$$\cos x = 1 - \frac{x^2}{1.2} + \frac{x^4}{1.2.3.4} - \ldots \pm \frac{x^{2n-2}}{1.2.3\ldots(2n-2)} \mp \ldots \qquad (\text{G})$$

115. *Remarque.* Si, dans le développement de e^x, on change x en $x\sqrt{-1}$, on obtient

$$1 + \frac{x}{1}\sqrt{-1} - \frac{x^2}{1.2} - \frac{x^3}{1.2.3}\sqrt{-1} + \frac{x^4}{1.2.3.4} + \frac{x^5}{1.2.3.4.5}\sqrt{-1} - \ldots$$

La partie réelle de cette série est égale au développement de $\cos x$, et les coefficients de $\sqrt{-1}$ forment le développement de $\sin x$. On exprime ce résultat par l'*équation symbolique*

$$e^{x\sqrt{-1}} = \cos x + \sqrt{-1}\,\sin x,$$

dont les conséquences sont excessivement nombreuses (*).

116. *Développement de* $l(1+x)$. Si, dans la formule de Mac-Laurin, nous supposons $f(x) = l(1+x)$, nous aurons

$$f'(x) = \frac{1}{1+x} = (1+x)^{-1}, \quad f''(x) = -(1+x)^{-2},$$

$$f'''(x) = 1.2(1+x)^{-3}, \quad \ldots, \quad f^n(x) = \pm 1.2\ldots(n-1)(1+x)^{-n};$$

puis

$$f(0) = 0, \qquad f'(0) = 1, \quad f''(0) = -1,$$
$$f'''(0) = 1.2, \quad \ldots, \quad f^n(0) = \pm 1.2\ldots(n-1);$$

par conséquent,

$$l(1+x) = \frac{x}{1} - \frac{x^2}{2} + \frac{x^3}{3} - \ldots \pm \frac{x^n}{n} + \mathrm{R},$$

avec

$$\mathrm{R} = \mp \frac{1}{n+1}\left(\frac{x}{1+\theta x}\right)^{n+1},$$

à cause de la formule (5).

Nous savons (15) que la série

$$\frac{x}{1} - \frac{x^2}{2} + \frac{x^3}{3} - \ldots \pm \frac{x^n}{n} \mp \ldots$$

est convergente lorsque l'on a

$$x > -1, \quad x \leq 1,$$

et qu'elle est divergente dans tout autre cas. Cela posé :

1° *Si la valeur de* x *est comprise entre* 0 *et* 1, *inclusivement,* la

---

quantité $\left(\dfrac{x}{1+\theta x}\right)^{n+1}$ ne surpasse pas l'unité (*) ; de plus, $\dfrac{1}{n+1}$ diminue indéfiniment. Donc

$$lim\, \mathrm{R} = 0,$$

et

$$l(1+x) = x - \frac{x^2}{2} + \frac{x^3}{3} - \frac{x^4}{4} + \ldots \pm \frac{x^n}{n} \mp \ldots \qquad \text{(H)}$$

2° *Si la valeur de* x *est comprise entre* 0 *et* -1, la quantité $\left(\dfrac{x}{1+\theta x}\right)^{n+1}$ n'ayant plus de limite nécessaire, on doit, comme pour le développement de $(1+x)^m$ (111, 2°), recourir à la *seconde forme du reste*. On obtient ainsi (108, III), après avoir changé x en $-x$:

$$\mathrm{R} = x^{n+1}(1-\theta)^n \frac{1}{(1-\theta x)^{n+1}},$$

ou

$$\mathrm{R} = \frac{x}{1-\theta x} \cdot \left(\frac{x - \theta x}{1 - \theta x}\right)^n.$$

A cause de

$$x - \theta x < 1 - \theta x,$$

le second facteur tend vers zéro quand n augmente. Et comme le premier facteur a une valeur finie,

$$lim\, \mathrm{R} = 0.$$

Conséquemment,

$$- l(1-x) = x + \frac{x^2}{2} + \frac{x^3}{3} + \ldots + \frac{x^n}{n} + \ldots, \qquad \text{(I)}$$

pour les valeurs de x *comprises entre* 0 *et* 1.

117. *Remarque.* Si, dans les formules (H), (I), on suppose $x=1$, on trouve

$$l2 = 1 - \frac{1}{2} + \frac{1}{3} - \frac{1}{4} + \frac{1}{5} - \frac{1}{6} + \ldots,$$

et

$$+ \infty = 1 + \frac{1}{2} + \frac{1}{3} + \frac{1}{4} + \frac{1}{5} + \ldots$$

Ce dernier résultat, qui pourrait servir à prouver la divergence de la série harmonique, montre aussi que l'équation (I) subsiste encore lorsque $x = 1$.

(*) En général, cette fraction tend vers zéro lorsque n augmente.

118. *Développement de arc tg x.* De $f(x)=$ arc tg x on tire

$$f'(x)=\frac{1}{1+x^2}, \quad f''(x)=-\frac{2x}{(1+x^2)^2}, \quad f'''(x)=\frac{2(3x^2-1)}{(1+x^2)^3};$$

mais les calculs se compliquent bientôt, de manière à déguiser la loi suivant laquelle procèdent les dérivées (*). Pour la mettre en évidence, il suffit de faire attention que

$$f'(x)=\frac{1}{2}\left[\frac{1}{1+x\sqrt{-1}}+\frac{1}{1-x\sqrt{-1}}\right]=\frac{1}{2}\left[(1+x\sqrt{-1})^{-1}+(1-x\sqrt{-1})^{-1}\right].$$

En effet, cette décomposition donne

$$f''(x)=-\frac{1}{2}.1.\sqrt{-1}\left[(1+x\sqrt{-1})^{-2}-(1-x\sqrt{-1})^{-2}\right];$$

$$f'''(x)=+\frac{1}{2}.1.2.(\sqrt{-1})^2\left[(1+x\sqrt{-1})^{-3}+(1-x\sqrt{-1})^{-3}\right];$$

et, en général,

$$f^n(x)=\frac{1}{2}.1.2.3.....(n-1)(-\sqrt{-1})^{n-1}\left[(1+x\sqrt{-1})^{-n}\pm(1-x\sqrt{-1})^{-n}\right];$$

le signe $+$ se rapportant au cas de n *impair*.

Par suite,

$$f'(0)=1, \qquad f''(0)=0, \quad f'''(0)=-1.2, \quad f^{iv}(0)=0,$$
$$f^{v}(0)=+1.2.3.4, \quad .\ .\ .\ .\ ., \quad f^n(0)=\pm 1.2.3.....(n-1)$$

(n étant impair) ; puis

$$\text{arc tg } x=x-\frac{x^3}{3}+\frac{x^5}{5}-.....\pm\frac{x^n}{n}+\text{R},$$

$$\text{R}=\frac{1}{2}(-\sqrt{-1})^n\frac{x^{n+1}}{n+1}\left[(1+\theta x\sqrt{-1})^{-n-1}-(1-\theta x\sqrt{-1})^{-n-1}\right].$$

119. La série

$$x-\frac{x^3}{3}+\frac{x^5}{5}-.....\pm\frac{x^n}{n}\mp.....$$

est convergente lorsque la valeur absolue de x ne surpasse pas l'u-

---

(*) Néanmoins, si l'on pose $f'(x)=y$, et si l'on observe que $\frac{1}{1+x^2}=\cos^2 y$, on obtient aisément

$$f^n(x)=y^n=1.2.3.....(n-1)\cos^n y \cos\left(ny+\frac{n-1}{2}\pi\right).$$

nité ; par conséquent, elle représentera arc tg x si $lim\,\mathrm{R}=0$. Sous sa forme actuelle, on ne voit pas clairement que le reste R jouisse de cette propriété ; mais, si l'on pose

$$1 = \rho \cos \lambda, \quad \zeta x = \rho \sin \lambda,$$

et si l'on a égard à la *formule de Moivre* (115) :

$$(\cos \lambda + \sqrt{-1} \sin \lambda)^p = \cos p\lambda + \sqrt{-1} \sin p\lambda,$$

on obtient
$$\mathrm{R} = \pm \frac{x^{n+1}}{n+1} \cdot \frac{\sin(n+1)\lambda}{(1+\delta^2 x^2)^{\frac{n+1}{2}}};$$

donc
$$lim\,\mathrm{R} = 0,$$

et
$$\text{arc tg } x = \frac{x}{1} - \frac{x^3}{3} + \frac{x^5}{5} - \frac{x^7}{7} + \ldots \pm \frac{x^n}{n} + \ldots \tag{K}$$

120. *Remarque.* On voit, par cet exemple, que la formule de Mac-Laurin se prête assez difficilement au développement des fonctions algébriques fractionnaires (*). Nous indiquerons bientôt d'autres procédés plus commodes ; mais nous appliquerons encore la méthode précédente à une question particulière.

121. Problème. *Développer, suivant les puissances entières et positives de* x, *la fraction*

$$\frac{1+x}{6 - 5x + x^2}.$$

Solution. Cette fraction se décompose (**) en $\dfrac{5}{2-x} - \dfrac{4}{3-x}$. Or, lorsque x est plus petit que 2 (***) :

$$\frac{5}{2-x} = \frac{5}{2}\left(1 + \frac{x}{2} + \frac{x^2}{2^2} + \frac{x^3}{2^3} + \ldots + \frac{x^{n-1}}{2^{n-1}} + \ldots\right);$$

(*) La fonction arc tg x est transcendante ; mais il est clair que la difficulté signalée ici tient uniquement à ce que la formule en question ne s'applique pas aisément au développement de $\dfrac{1}{1+x^2}$.

(**) *Manuel des candidats à l'École polytechnique*, t. 1er, p. 235.

(***) En valeur absolue.

et, si x est moindre que 3 :

$$\frac{4}{5-x} = \frac{4}{5}\left(1 + \frac{x}{5} + \frac{x^2}{5^2} + \frac{x^3}{5^3} + \ldots + \frac{x^{n-1}}{5^{n-1}} + \ldots\right).$$

Conséquemment,

$$\frac{1+x}{6-5x+x^2} = \left(\frac{5}{2} - \frac{4}{5}\right) + \left(\frac{5}{2^2} - \frac{4}{5^2}\right)x + \ldots + \left(\frac{5}{2^n} - \frac{4}{5^n}\right)x^{n-1} + \ldots,$$

pourvu que la variable x *soit comprise entre* +2 *et* —2 (exclusivement).

Si, par exemple, on suppose $x = 1$, on a

$$1 = \left(\frac{5}{2} - \frac{4}{5}\right) + \left(\frac{5}{2^2} - \frac{4}{5^2}\right) + \ldots + \left(\frac{5}{2^n} - \frac{4}{5^n}\right) + \ldots$$

Séries récurrentes.

122. Définitions. 1° Une série

$$A_0 + A_1 x + A_2 x^2 + \ldots + A_{n-1}x^{n-1} + A_n x^n + \ldots \qquad (1)$$

est dite *récurrente*, lorsque

$$A_n + \alpha_1 A_{n-1} + \alpha_2 A_{n-2} + \ldots + \alpha_k A_{n-k} = 0 ; \qquad (2)$$

α_1, α_2, $\ldots$ α_k *et* k *étant des constantes.*

2° L'équation (2) est *l'échelle de relation* de la série (*).

3° Enfin, suivant que le nombre $k = 1$, 2, 3, $\ldots$, la série est du *premier ordre*, du *deuxième ordre*, du *troisième ordre* (**), etc.

123. *Remarque.* L'équation (1) peut être écrite ainsi :

$$A_n x^n = -A_{n-1}x^{n-1}.\alpha_1 x - A_{n-2}x^{n-2}.\alpha_2 x^2 - \ldots - A^{n-k}.x^{n-k}\alpha_k x^k.$$

Elle exprime donc qu'*un terme quelconque d'une série récurrente est égal à la somme des* k *termes précédents, respectivement multipliés par des constantes.* Cette propriété caractéristique est souvent prise pour définition.

(*) La plupart des auteurs disent : « *L'échelle de relation d'une série récurrente est* α_1, α_2, $\ldots$, α_k. » Nous n'avons pas cru devoir adopter cette définition.

(**) Toute série récurrente du premier ordre est une progression par quotient.

124. THÉORÈME XXVI. *Toute fraction rationnelle $\frac{f(x)}{F(x)}$ est développable suivant une série récurrente, dont l'ordre est égal au degré de* $F(x)$ (*).

Démonstration. 1° Si l'on décompose $\frac{f(x)}{F(x)}$ en fractions simples, on pourra développer chacune d'elles en série convergente (**). D'ailleurs, *la somme de plusieurs séries convergentes est encore une série convergente* (***); donc la *fraction proposée est développable en une série convergente de la forme* (1) (****).

2° Cela posé, de

$$\frac{f(x)}{F(x)} = A_0 + A_1 x + A_2 x^2 + \ldots + A_{n-1} x^{n-1} + A_n x^n + \ldots, \quad (3)$$

on conclut

$$f(x) = [A_0 + A_1 x + A_2 x^2 + \ldots + A_{n-1} x^{n-1} A_n x^n + \ldots] F(x) ;$$

puis, en supposant

$$F(x) = 1 + \alpha_1 x + \alpha_2 x^2 + \ldots + \alpha_k x^k,$$

et en *identifiant les deux membres :*

$$A_n + A_{n-1} \alpha_1 + \ldots + A_{n-k} \alpha^k = 0 ; \quad (4)$$

pour $n \geq k$; etc. (*****).

(*) Il est sous-entendu que la fraction est irréductible ; que le degré du dénominateur surpasse celui du numérateur ; qu'aucun des deux termes n'est divisible par x ; etc.

(**) Les fractions de la forme $\dfrac{A}{a-x}$ produisent des progressions par quotient ; les autres se développent par la formule du binôme (111).

(***) Pour démontrer rigoureusement cette proposition, il suffirait de considérer *les restes* des premières séries.

(****) Tout ceci suppose, bien entendu, que x est compris dans deux limites convenables.

(*****) On voit que nous traitons la série convergente contenue dans le second membre de l'équation (3) comme un véritable polynôme. Pour légitimer complétement cette manière d'agir, on pourrait poser

$$\frac{f(x)}{F(x)} = A_0 + A_1 x + A_2 x^2 + \ldots + A_n x^n + \rho_{n+1}(x) x^{n+1},$$

en représentant par $\rho_{n+1}(x)$ *une fonction qui ne devient pas infinie* pour $x = 0$: ceci résulte du fait de la division de $f(x)$ par $F(x)$.

125. THÉORÈME XXVII. *Réciproquement, toute série récurrente convergente, de la forme* (1), *a pour limite une fraction rationnelle*

$$\frac{S_k + S_{k-1}.\alpha_1 x + \ldots + S_1.\alpha_{k-1} x^{k-1}}{1 + \alpha_1 x + \ldots + \alpha_k x^k},$$

dans laquelle S_k *représente la somme des* k *premiers termes de la série.*

Démonstration. En faisant, dans l'équation (2),

$$n = k, \quad n = k+1, \quad n = k+2, \quad \ldots \quad n = k+l,$$

on obtient

$$A_k \; x^k \;\; + A_{k-1} x^{k-1} \; . \alpha_1 x + \ldots + A_0 \;\; . \alpha_k x^k = 0,$$
$$A_{k+1} x^{k+1} + A_k \;\; x^k \;\; . \alpha_1 x + \ldots + A_1 x . \alpha_k x^k = 0,$$
$$A_{k+2} x^{k+2} + A_{k+1} x^{k+1} \; . \alpha_1 x + \ldots + A_2 x^2 . \alpha_k x^k = 0,$$
$$\ldots \ldots \ldots \ldots \ldots \ldots \ldots$$
$$A_{k+l} x^{k+l} + A_{k+l} x^{k+l-1} . \alpha_1 x + \ldots + A_l x^l . \alpha_k x^k = 0.$$

Ces égalités donnent

$$(S_{k+l+1} - S_k) + (S_{k-l} - S_{k-1})\alpha_1 x + \ldots + S_{l+1} . \alpha_k x^k = 0;$$

puis, comme les sommes S_{k+l+1}, S_{k+l}, $\ldots S_{l+1}$ ont, par hypothèse, une même limite S :

$$S = \frac{S_k + S_{k-1}.\alpha_1 x + \ldots + S_1 \alpha_{k-1} x^{k-1}}{1 + \alpha_1 x + \ldots + \alpha_k x^k}.$$

Applications.

126. PROBLÈME 1. *Développer* $\dfrac{1+x}{6-5x+x^2}$.

De

$$1 + x = (6 - 5x + x^2) \sum_0^\infty A_n x^n,$$

on conclut

$$1 = 6A_0, \quad 1 = 6A_1 - 5A_0, \quad 0 = 6A_2 - 5A_1 + A_0,$$
$$\ldots \ldots \ldots \ldots \ldots \ldots \ldots$$
$$0 = 6A_n - 5A_{n-1} + A_{n-2};$$

donc

$$A_0 = \frac{1}{6}, \quad A_1 = \frac{11}{6^2}, \quad A_2 = \frac{49}{6^3}, \quad \ldots\ldots, \quad A_n = \frac{3^{n+2} - 2^{n+3}}{6^{n+1}};$$

puis

$$\frac{1+x}{6 - 5x + x^2} = \frac{1}{6} + \frac{11x}{6^2} + \frac{49x^2}{6^3} + \ldots\ldots,$$

pourvu que x *soit compris entre* -2 *et* $+2$ (*).

127. PROBLÈME II. *Développer* $\dfrac{1}{2 - 2x + x^2}$.

On trouve

$$1 = 2A_0, \quad 0 = 2A_1 - 2A_0 ;$$

et, pour $n > 2$:

$$2A_n - 2A_{n-1} + A_{n-2} = 0;$$

donc

$$A_0 = \frac{1}{2}, \quad A_1 = \frac{1}{2}, \quad A_2 = \frac{1}{4}, \quad A_3 = 0, \quad A_4 = -\frac{1}{8}, \quad A_5 = -\frac{1}{8}, \quad A_6 = -\frac{1}{16}, \quad \ldots\ldots,$$

puis

$$\frac{1}{2 - 2x + x^2} = \frac{1}{2} + \frac{1}{2}x + \frac{1}{4}x^2 - \frac{1}{8}x^4 - \frac{1}{8}x^5 - \frac{1}{16}x^6 + \frac{1}{32}x^8$$

$$+ \frac{1}{32}x^9 + \frac{1}{64}x^{10} - \frac{1}{128}x^{12} - \ldots\ldots,$$

pour les valeurs de x *comprises entre* $-\sqrt{2}$ *et* $+\sqrt{2}$ (*exclusivement*) (**).

128. *Remarque.* On arrive plus rapidement au résultat, et l'on voit mieux la loi des coefficients, en multipliant par $2 + 2x + x^2$ les deux termes de la fraction. En effet,

$$\frac{1}{2 - 2x + x^2} = \frac{2 + 2x + x^2}{(2 + x^2)^2 - 4x^2} = \frac{2 + 2x + x^2}{4 + x^4}$$

$$= \frac{1}{4}\left(2 + 2x + x^2\right)\left(1 - \frac{x^4}{4} + \frac{x^8}{4^2} - \frac{x^{12}}{4^3} + \ldots\ldots\right),$$

(*) Ces résultats s'accordent avec ce que l'on a vu ci-dessus (121).

(**) Pour que le développement de $\dfrac{1}{a - x}$ soit convergent, a étant *imaginaire*, il *faut que le module de* x *soit inférieur au module de* a. Le lecteur démontrera facilement cette proposition, s'il met a et x sous la forme

$$\rho(\cos z + \sqrt{-1} \sin z).$$

ou

$$\frac{1}{2-2x+x^2}=\frac{2}{4}+\frac{2x}{4}+\frac{x^2}{4}-\frac{2x^4}{4^2}-\frac{2x^5}{4^2}-\frac{x^6}{4^2}+\frac{2x^8}{4^3}+\frac{2x^9}{4^3}+\frac{x^{10}}{4^3}-\dots\; ; \text{ etc.}$$

129. Problème III. *Développer* $\dfrac{1+x-x^2}{1+x-x^5}$.

La division du numérateur par le dénominateur donne, pour les premiers termes du développement, $1-x^2+2x^3$. D'ailleurs, l'*échelle de relation* est

$$A_n=-A_{n-1}+A_{n-3}.$$

Par conséquent,

$$A_4=-2,\quad A_5=2+1=3,\quad A_6=-3-2=-5,\quad A_7=5+2=7,$$
$$A_8=-7-3=-10,\quad A_9=15,\quad A_{10}=-22,\quad A_{11}=32,\quad\dots,$$

puis

$$\frac{1+x-x^2}{1+x-x^5}=1-x^2+2x^3-2x^4+3x^5-5x^6+7x^7-10x^8+15x^9$$
$$-22x^{10}+32x^{11}-\dots,$$

pourvu que x *soit, en valeur absolue, inférieure à la plus petite racine positive de l'équation qui donne les modules des racines de l'équation* x³ — x — 1 = 0 (*).

130. *Remarque.* Dans l'exemple I, ou dans le problème de la page 71, il a été facile de déterminer le terme général du développement de la fraction, parce que l'on connaissait, *sous forme finie*, les facteurs du dénominateur. Il en est de même pour l'exemple II.

(*) Si l'on pose

$$x=\rho\,(\cos\alpha+\sqrt{-1}\,\sin\alpha),$$

on obtient

$$1+\rho\cos\alpha-\rho^3\cos 3\alpha=0,\quad \rho\sin\alpha-\rho^3\sin 3\alpha=0.$$

On peut remplacer ces équations par

$$1=\rho^2+\rho^6-2\rho^4(1-2\sin^2\alpha),\quad 1=\rho^2(3-4\sin^2\alpha).$$

Celles-ci conduisent à $\qquad\rho^6+\rho^4-1=0,$

équation dont la racine positive est comprise entre 0,8688 et 0,8689. La série est donc convergente pour les valeurs de x comprises entre $-0,8689$ et $+0,8689$ (exclusivement). Ajoutons que les racines des équations

$$x^3-x-1=0.\quad \rho^6+\rho^4-1=0$$

vérifient la relation $x=-\dfrac{1}{\rho^2}$.

Mais, si l'on se proposait d'assigner le terme général de la suite

$$1, \quad 0, \quad -1, \quad 2, \quad -2, \quad 3, \quad -5, \quad 7, \quad -10, \quad 15,$$

on serait ramené à la résolution de l'équation irréductible

$$x^3 - x - 1 = 0.$$

La question peut donc être regardée comme à peu près insoluble (*).

131. Problème IV. *Développer* $\dfrac{1 - x\cos\theta}{1 - 2x\cos\theta + x^2}$, *suivant les puissances de* x.

Solution. Le développement commence par $1 + \cos\theta$. D'ailleurs, l'échelle de relation étant

$$A_n - 2A_{n-1}\cos\theta + A_{n-2} = 0,$$

ou

$$A_n = A_{n-1}\,2\cos\theta - A_{n-2},$$

il en résulte qu'*un terme quelconque du développement cherché est égal à la somme des deux termes qui le précèdent, respectivement multipliés par* $2\cos\theta$ *et par* (-1). D'après les formules de Thomas Simpson, les cosinus des multiples de θ procèdent précisément suivant cette loi. Donc, à cause de

$$A_0 = 1, \quad A_1 = \cos\theta,$$

nous aurons

$$A_2 = \cos 2\theta, \quad A_3 = \cos 3\theta, \quad \ldots\ldots, \quad A_n = \cos n\theta, \quad \ldots\ldots,$$

et, par conséquent,

$$\frac{1 - x\cos\theta}{1 - 2x\cos\theta + x^2} = 1 + x\cos\theta + x^2\cos 2\theta + x^3\cos 3\theta + \ldots\ldots + x^n\cos n\theta + \ldots\ldots,$$

pour les valeurs de x *comprises entre* -1 *et* $+1$ (exclusivement).

132. *Remarque.* Si, dans la dernière formule, on suppose $x = \cos\theta$, on trouve cette relation assez remarquable :

$$\cos 2\theta + \cos\theta\cos 3\theta + \cos^2\theta\cos 4\theta + \ldots\ldots + \cos^{n-1}\theta\cos(n+1)\theta + \ldots\ldots = -1 \ (**).$$

(*) Cependant, si l'on appelle a, b, c les trois racines de cette équation, on trouve, par un calcul que nous supprimons :

$$A_n = \frac{1-a}{2a+3}\,a^n + \frac{1-b}{2b+3}\,b^n + \frac{1-c}{2c+3}\,c^n.$$

(**) Elle est en défaut lorsque $\cos\theta = \pm 1$ (52).

135. PROBLÈME V. *Trouver la fraction génératrice de la série récurrente*

$$1-x+x^2-2x^3+5x^4-11x^5+23x^6-48x^7+101x^8-\ldots,$$

dans laquelle

$$A_n+2A_{n-1}-A_{n-4}=0.$$

Solution. Cette fraction a la forme $\dfrac{a+bx+cx^2+dx^3}{1+2x-x^4}$ (*).

D'ailleurs, si l'on multiplie par $1+2x-x^4$ les premiers termes de la série, et qu'on identifie le résultat avec $a+bx+cx^2+dx^3$, on obtient

$$a=1, \quad b=1, \quad c=-1, \quad d=0.$$

Par conséquent, *pour des valeurs de* x *suffisamment petites* (**),

$$1-x+x^2-2x^3+5x^4-11x^5+\ldots=\frac{1+x-x^2}{1+2x-x^4}.$$

(*) La série étant *régulière* à partir de $n=4$, le numérateur de la fraction génératrice est un polynôme du troisième degré, ou d'un degré inférieur. Si l'échelle de relation n'était applicable qu'à partir de $n=p$, le degré du numérateur serait $p-1$, au plus.

(**) Cette restriction, sur laquelle on ne saurait trop insister, doit être faite toutes les fois que l'on essaye de développer une fonction en série. Faute d'y avoir égard, on arrive à des résultats du genre de ceux que nous avons indiqués au commencement de ce Traité (4).

Si, par exemple, on supposait $x=1$ dans la dernière équation, on trouverait

$$1-1+1-2+5-11+23-48+101-\ldots=\frac{1}{2},$$

ce qui est complétement absurde.

Remarquons encore que si, en cherchant le développement d'une fonction $\varphi(x)$, on est conduit à une série qui soit divergente pour toutes les valeurs de x, il en résulte que la *forme essayée est impossible.* Euler a trouvé, pour le développement de la fonction $\varphi(x)$ déterminée par les deux équations

$$\varphi(x)=\frac{e^{\frac{1}{x}}}{x}\,\mathrm{F}(x), \quad \mathrm{F}'(x)=e^{-\frac{1}{x}},$$

la série

$$1.x-1.2.x^2+1.2.3.x^3-\ldots\pm1.2.3\ldots nx^n\mp\ldots$$

Or, il est très-facile de reconnaître que *cette série est toujours divergente* (excepté pour $x=0$). Par conséquent, le résultat obtenu par ce grand Géomètre est inadmissible, aussi bien que l'égalité

$$1-1.2+1.2.3-1.2.3.4+\ldots=0,403\,652\,6377\ldots,$$

qu'il en a déduite.

134. PROBLÈME VI. *Reconnaître si une série est récurrente.*

Solution. Supposons que, dans la série proposée :

$$A_0 + A_1 x + A_2 x^2 + \ldots + A_n x^n + \ldots, \qquad (1)$$

le coefficient A_n soit une fonction *donnée* de n (*), savoir :

$$A_n = \varphi(n). \qquad (2)$$

Si la série est récurrente, elle a pour somme une fraction inconnue $\frac{f(x)}{F(x)}$ (125). Or,

$$\frac{f(x)}{F(x)} = \sum_1^p \frac{B_i}{(b-x)^i} + \sum_1^q \frac{C_j}{(c-x)^j} + \ldots + \sum_1^t \frac{G_l}{(g-x)^l},$$

en supposant

$$F(x) = (x-b)^p (x-c)^q \ldots (x-g)^t.$$

Si les diverses fractions simples

$$\frac{B_i}{(b-x)^i}, \qquad \frac{C_j}{(c-x)^j}, \qquad \ldots \qquad \frac{G_l}{(g-x)^l},$$

étaient données, on pourrait les développer par la formule du binôme, et l'on aurait, par exemple,

$$\frac{B_i}{(b-x)^i} = \frac{B_i}{b^i} \left[1 + \frac{i}{1} \frac{x}{b} + \ldots + \frac{i(i+1)\ldots(i+n-1)}{1.2\ldots n} \frac{x^n}{b^n} + \ldots \right].$$

Mais, par la théorie des combinaisons,

$$\frac{i(i+1)\ldots(i+n-1)}{1.2\ldots n} = \frac{(n+1)(n+2)\ldots(n+i-1)}{1.2\ldots(i-1)};$$

donc le coefficient de $\frac{x^n}{b^n}$, dans $\sum_1^p \frac{B_i}{(b-x)^i}$, a pour valeur

$$\frac{B_1}{b} + \frac{B_2}{b^2} \cdot \frac{n+1}{1} + \frac{B_3}{b^3} \frac{(n+1)(n+2)}{1.2} + \ldots + \frac{B_p}{b^p} \frac{(n+1)(n+2)\ldots(n+p-1)}{1.2\ldots(p-1)}, \quad (3)$$

c'est-à-dire *une fonction entière de* n, *dont le degré ne surpasse pas* (p—1).

D'un autre côté, *une fonction entière de* n, *du degré* (p—1), *est toujours décomposable suivant la forme* (3), c'est-à-dire que, $\psi(n)$

étant cette fonction, on peut déterminer les coefficients B_1, B_2, ... B_p de manière à avoir, identiquement,

$$\frac{B_1}{b} + \frac{B_2}{b^2}\frac{n+1}{1} + ... + \frac{B_p}{b^p}\frac{(n+1)(n+2).....(n+p-1)}{1.2.....(p-1)} = \psi(n) \quad (^*). \qquad (4)$$

Par suite, *pour que la série* (1) *soit récurrente, il faut et il suffit que l'on ait*

$$A_n = Bb^{-n} + Cc^{-n} + ... + Gg^{-n},$$

b, c, ... g *étant des constantes, et* B, C, ..., G *étant des fonctions entières de* n (**).

135. *Remarques.* I. En augmentant d'une unité les degrés des fonctions B, C, ... G, on a les exposants des facteurs $b-x$, $c-x$, ... $g-x$, dans le dénominateur de la fraction génératrice.

II. Si le coefficient A_n est égal à une fonction entière de n, du degré $p-1$, la fraction génératrice se réduit à $\frac{f(x)}{(1-x)^p}$ (***).

Soit, par exemple,

$$A_n = n^2 - 3n + 1,$$

auquel cas la série est

$$1 - x + 3x^2 + 19x^3 + 53x^4 + 111x^5 + ...$$

On trouve (133) pour fraction génératrice, ou pour somme de la série,

$$\frac{1 - 5x + 15x^2 - 5x^3}{(1-x)^4}.$$

(*) Si l'on suppose, successivement, $n = -1$, $n = -2$, $n = -3$, ..., on obtient

$$\frac{B_1}{b} = \psi(-1), \quad \frac{B_1}{b} + \frac{B_2}{b^2} = \psi(-2), \quad \frac{B_1}{b} - 2\frac{B_2}{b^2} + \frac{B_3}{b^3} = \psi(-3), \text{ etc.}$$

(**) Une autre solution de ce problème a été donnée par Lagrange.

(***) Ce corollaire de la propriété précédente peut être démontré directement, d'une manière assez simple.

La fonction entière A_n étant de degré $p-1$, sa différence p^e est nulle; donc l'échelle de relation est

$$A_n - \frac{p}{1}A_{n-1} + \frac{p(p-1)}{1.2}A_{n-2} - ..... \pm A_{n-p} = 0;$$

et, par suite, le dénominateur de la fraction génératrice a pour valeur

$$1 - \frac{p}{1}x + \frac{p(p-1)}{1.2}x^2 - ..... \pm x^p = (1-x)^p.$$

Recherche du développement d'une fonction, au moyen du développement de la fonction dérivée.

136. Théorème XXVIII. *Si, pour toutes les valeurs de* x *comprises entre* 0 *et une quantité positive* λ *(inclusivement)* (*), *on a*

$$F'(x) = A_1 + A_2 x + A_3 x^2 + \ldots\ldots + A_n x^{n-1} + \ldots, \quad (1)$$

on aura aussi

$$F(x) = F(0) + A_1 x + \frac{1}{2} A_2 x^2 + \frac{1}{3} A_3 x^3 + \ldots + \frac{1}{n} A_n x^n + \ldots, \quad (2)$$

pour les mêmes valeurs de x.

Démonstration. La série (1) est supposée convergente, c'est-à-dire que

$$F'(x) = A_1 + A_2 x + A_3 x^2 + \ldots + A_n x^{n-1} + R_n, \quad (3)$$

R_n représentant une fonction qui tend vers zéro, lorsque n croît indéfiniment, et que x est compris entre 0 et λ.

Si l'on prend les fonctions primitives des deux membres, on aura donc

$$F(x) = F(0) + A_1 x + \frac{1}{2} A_2 x^2 + \frac{1}{3} A_3 x^3 + \ldots + \frac{1}{n} A_n x^n + \varphi(x,n), \quad (4)$$

en désignant par $\varphi(x,n)$ une fonction qui a pour dérivée R_n, et qui s'annule avec x (**).

Cela posé, cette fonction peut être regardée comme représentant l'aire comprise entre l'axe des abscisses, la courbe qui a pour ordonnée R_n, l'axe des ordonnées et une ordonnée quelconque, répondant à une valeur de x inférieure ou égale à λ. Or, l'ordonnée R_n a pour limite zéro ; donc $\varphi(x,n)$ converge aussi vers zéro.

137. *Remarques.* I. Le théorème subsiste lorsque la série (1), convergente pour $x < \lambda$, devient divergente quand $x = \lambda$, pourvu que

---

(*) On pourrait remplacer zéro et λ par deux limites quelconques ; mais l'équation (2) deviendrait un peu plus compliquée. Du reste, le cas général se réduit aisément au cas particulier.

(**) *Cette fonction* φ *existe*, car elle est la différence entre $F(x)$ et le polynôme qui la précède.

la série (2) soit encore convergente pour cette valeur de x. En effet, les deux membres de la formule (2) sont des fonctions continues, constamment égales ; donc leurs limites, répondant à $x=\lambda$, sont égales entre elles.

II. Ce même théorème permet de développer en série *toute fonction dont la dérivée est algébrique*, beaucoup plus simplement qu'on ne le pourrait faire par l'application du théorème de Mac-Laurin (120). Les exemples suivants vont justifier cette assertion.

Applications.

158. I. *Développement de* $l(1+x)$. De $F(x)=l(1+x)$, on tire

$$F'(x)=\frac{1}{1+x}=1-x+x^2-x^3+\ldots\pm x^n\mp\ldots,$$

x étant compris entre 0 et $+1$. Par conséquent, entre ces mêmes limites,

$$l(1+x)=x-\frac{x^2}{2}+\frac{x^3}{3}-\ldots\pm\frac{x^{n+1}}{n+1}\mp\ldots : \qquad (A)$$

on n'ajoute pas de constante, parce que $l(1)=0$.

159. *Remarque.* La première série cesse d'être convergente lorsque $x=1$; mais, comme la seconde l'est encore pour cette valeur de x, on a

$$l2=1-\frac{1}{2}+\frac{1}{3}-\frac{1}{4}+\ldots\pm\frac{1}{n+1}\mp\ldots$$

140. II. *Développement de* $l(1-x)$. Changeant x en $-x$ dans (A), on obtient

$$-l(1-x)=x+\frac{x^2}{2}+\frac{x^3}{3}+\ldots+\frac{x^{n+1}}{n+1}+\ldots \qquad (B)$$

141. III. *Développement de* arc tg x. La dérivée de cette fonction est

$$\frac{1}{1+x^2}=1-x^2+x^4-x^6+\ldots\pm x^{2n}\mp\ldots ;$$

donc

$$\text{arc tg } x=x-\frac{x^3}{3}+\frac{x^5}{5}-\frac{x^7}{7}+\ldots\pm\frac{x^{2n+1}}{2n+1}\mp\ldots \qquad (C)$$

On n'ajoute pas de constante, parce que le premier membre est supposé représenter le plus petit arc dont la tangente est x. D'ailleurs, la série (C) cesse d'être convergente à partir de $x = \pm 1$.

142. IV. *Développement de* arc sin x. Cette fonction a pour dérivée $\dfrac{1}{\sqrt{1-x^2}}$. Or, par la formule du binôme (111),

$$\frac{1}{\sqrt{1-x^2}} = (1-x^2)^{-\frac{1}{2}} = 1 + \frac{1}{2}x^2 + \frac{1.3}{2.4}x^4 + \frac{1.3.5}{2.4.6}x^6 + \frac{1.3.5.7}{2.4.6.8}x^8 + \ldots,$$

pourvu que x soit compris entre -1 et $+1$ (exclusivement). Par suite,

$$\text{arc sin } x = x + \frac{1}{2}\frac{x^3}{3} + \frac{1.3}{2.4}\frac{x^5}{5} + \frac{1.3.5}{2.4.6}\frac{x^7}{7} + \frac{1.3.5.7}{2.4.6.8}\frac{x^9}{9} + \ldots; \quad \text{(D)}$$

etc.

143. *Remarque.* La série (D), encore convergente pour $x = 1$, donne

$$\frac{\pi}{2} = 1 + \frac{1}{2.3} + \frac{1.3}{2.4.5} + \frac{1.3.5}{2.4.6.7} + \ldots \quad \text{(E)}$$

De même, en faisant $x = \dfrac{1}{2}$, on trouve

$$\frac{\pi}{3} = 1 + \frac{1}{8.3} + \frac{1.3}{8.16.5} + \frac{1.3.5}{8.16.24.7} + \frac{1.3.5.7}{8.16.24.32.9} + \ldots \quad \text{(F)}$$

144. V. *Développer la fonction qui a pour dérivée* $\dfrac{1}{2-2x+x^2}$.

On a trouvé (128)

$$\text{F}'(x) = \frac{1}{2-2x+x^2} = \frac{2}{4} + \frac{2x}{4} + \frac{x^2}{4} - \frac{2x^4}{4^2} - \frac{2x^5}{4^2} - \frac{x^6}{4^2} + \frac{2x^8}{4^3} + \frac{2x^9}{4^3} + \frac{x^{10}}{4^2} - \ldots$$

D'ailleurs,

$$\frac{1}{2-2x+x^2} = \frac{1}{1+(x-1)^2}$$

est la dérivée de arc tg $(x-1)$. Donc

$$\text{arc tg}(x-1)$$
$$= \frac{1}{2}\left[\text{C} + \left(\frac{x}{1.1} + \frac{x^2}{1.2} + \frac{x^3}{2.3}\right) - \left(\frac{x^5}{4.5} + \frac{x^6}{4.6} + \frac{x^7}{8.7}\right) + \left(\frac{x^9}{16.9} + \frac{x^{10}}{16.10} + \frac{x^{11}}{32.11}\right) - \ldots \right].$$

De plus,

$$\text{arc tg}(-1) = -\frac{\pi}{4} = \frac{1}{2}\text{C};$$

donc enfin

$$2 \operatorname{arc} \operatorname{tg}(x-1) + \frac{\pi}{2}$$

$$= \left(\frac{x}{1.1} + \frac{x^2}{1.2} + \frac{x^3}{2.3} \right) - \left(\frac{x^5}{4.5} + \frac{x^6}{4.6} + \frac{x^7}{8.7} \right) + \left(\frac{x^9}{16.9} + \frac{x^{10}}{16.10} + \frac{x^{11}}{32.11} \right) - \ldots \ (G)$$

145. La série (G), qui est convergente entre $x = \pm \sqrt{2}$ (**127**), pourrait servir, comme le développement (C) de arc tg x, à calculer le rapport de la circonférence au diamètre. Nous entrerons, à ce sujet, dans quelques détails.

1° D'abord, si l'on suppose $x = 1$, on a

$$\frac{\pi}{2} = \left(\frac{1}{1.1} + \frac{1}{1.2} + \frac{1}{2.3} \right) - \left(\frac{1}{4.5} + \frac{1}{4.6} + \frac{1}{8.7} \right) + \left(\frac{1}{16.9} + \frac{1}{16.10} + \frac{1}{32.11} \right) - \ldots \ (a)$$

2° $x = \sqrt{2}$ donne

$$2 \operatorname{arc} \operatorname{tg}(\sqrt{2} - 1) + \frac{\pi}{2} = \frac{\pi}{4} + \frac{\pi}{2} = \frac{5}{4}\pi$$

$$= \sqrt{2} \left[\frac{1}{1} + \frac{1}{3} - \frac{1}{5} - \frac{1}{7} + \frac{1}{9} + \frac{1}{11} - \ldots \right] + \left[1 - \frac{1}{3} + \frac{1}{5} - \ldots \right];$$

ou, à cause de

$$\frac{\pi}{4} = 1 - \frac{1}{3} + \frac{1}{5} - \frac{1}{7} + \ldots : \tag{b}$$

$$\frac{\pi}{2} = \sqrt{2} \left(\frac{1}{1} + \frac{1}{3} - \frac{1}{5} - \frac{1}{7} + \frac{1}{9} + \frac{1}{11} - \frac{1}{13} - \frac{1}{15} + \ldots \right). \tag{c}$$

3° En combinant les formules (b) et (c), on obtient facilement

$$\frac{\pi}{4\sqrt{2}} + \frac{\pi}{8} = 1 - \frac{1}{7} + \frac{1}{9} - \frac{1}{15} + \frac{1}{17} - \frac{1}{23} + \frac{1}{25} - \ldots,$$

$$\frac{\pi}{4\sqrt{2}} - \frac{\pi}{8} = \frac{1}{5} - \frac{1}{3} + \frac{1}{11} - \frac{1}{13} + \frac{1}{19} - \frac{1}{21} + \ldots,$$

ou

$$\pi = 48 (\sqrt{2} - 1) \left(\frac{1}{1.7} + \frac{1}{9.15} + \frac{1}{17.23} + \frac{1}{25.31} + \ldots \right), \tag{d}$$

$$\pi = 16 (\sqrt{2} + 1) \left(\frac{1}{5.3} + \frac{1}{11.13} + \frac{1}{19.21} + \frac{1}{27.29} + \ldots \right). \tag{e}$$

4° Le premier membre de la formule (G) est la même chose que

$$2 \left[\operatorname{arc} \operatorname{tg}(x-1) + \frac{\pi}{4} \right] = 2 \left[\operatorname{arc} \operatorname{tg}(x-1) + \operatorname{arc} \operatorname{tg} 1 \right] = 2 \operatorname{arc} \operatorname{tg} \frac{x}{2-x};$$

donc

$$2\,\text{arc tg}\,\frac{x}{2-x}$$
$$=\left(\frac{x}{1.1}+\frac{x^2}{1.2}+\frac{x^3}{2.3}\right)-\left(\frac{x^5}{4.5}+\frac{x^6}{4.6}+\frac{x^7}{8.7}\right)+\left(\frac{x^9}{16.9}+\frac{x^{10}}{16.10}+\frac{x^{11}}{32.11}\right)-\ldots.. \quad (\text{H})$$

5° Si, dans cette dernière équation, on fait $x=\frac{1}{2}$, on obtient

$$\text{arc tg}\,\frac{1}{3}$$
$$=\left(\frac{1}{1.2^2}+\frac{1}{2.2^3}+\frac{1}{3.2^5}\right)-\left(\frac{1}{5.2^8}+\frac{1}{6.2^9}+\frac{1}{7.2^{11}}\right)+\left(\frac{1}{9.2^{14}}+\frac{1}{10.2^{15}}+\frac{1}{11.2^{17}}\right)-\ldots.. \quad (f)$$

6° Dans la formule (H), changeons x en $-x$; nous aurons

$$2\,\text{arc tg}\,\frac{x}{2+x}=\frac{x}{1.1}-\frac{x^2}{1.2}+\frac{x^3}{2.3}-\frac{x^5}{4.5}+\frac{x^6}{4.6}-\frac{x^7}{8.7}+\frac{x^9}{16.9}-\frac{x^{10}}{16.10}+\frac{x^{11}}{32.11}-\ldots..; \quad (\text{K})$$

et, en supposant $x=1$,

$$\text{arc tg}\,\frac{1}{3}=\frac{1}{1.2}-\frac{1}{2.2}+\frac{1}{3.4}-\frac{1}{5.8}+\frac{1}{6.8}-\frac{1}{7.16}+\frac{1}{9.32}-\frac{1}{10.32}+\frac{1}{11.64}-\ldots.. \quad (g)$$

La différence de forme entre les séries (f), (g) est assez remarquable, surtout si l'on se rappelle que l'on a encore

$$\text{arc tg}\,\frac{1}{3}=\frac{1}{3}-\frac{1}{3.3^3}+\frac{1}{5.3^5}-\frac{1}{7.3^7}+\frac{1}{9.3^9}-\ldots..$$

7° Dans la même formule (H), supposons $x=\frac{1}{4}$; nous aurons

$$\text{arc tg}\,\frac{1}{7}=\left(\frac{1}{1.2^3}+\frac{1}{2.2^5}+\frac{1}{3.2^8}\right)-\left(\frac{1}{5.2^{13}}+\frac{1}{6.2^{15}}+\frac{1}{7.2^{18}}\right)+\ldots..$$

8° $\frac{\pi}{4}=\text{arc tg}\,\frac{1}{2}+\text{arc tg}\,\frac{1}{3}=2\,\text{arc tg}\,\frac{1}{3}+\text{arc tg}\,\frac{1}{7}$; donc

$$\left.\begin{aligned}\frac{\pi}{4}=&\left(\frac{1}{1.2}+\frac{1}{2.2^2}+\frac{1}{3.2^4}\right)-\left(\frac{1}{5.2^7}+\frac{1}{6.2^8}+\frac{1}{7.2^{10}}\right)+\left(\frac{1}{9.2^{13}}+\frac{1}{10.2^{14}}+\frac{1}{11.2^{16}}\right)-\ldots..,\\ &+\left(\frac{1}{1.2^3}+\frac{1}{2.2^5}+\frac{1}{3.2^8}\right)-\left(\frac{1}{5.2^{13}}+\frac{1}{6.2^{15}}+\frac{1}{7.2^{18}}\right)+\left(\frac{1}{9.2^{23}}+\frac{1}{10.2^{25}}+\frac{1}{11.2^{28}}\right)-\ldots..\end{aligned}\right\}(h)$$

Etc. (*).

146. VI. *Développer la fonction* F(x) *qui a pour dérivée* $\frac{1}{\sqrt{1+x^2}}$.

(*) Quelques-uns de ces résultats ont été donnés par Euler.

On trouve aisément $F(x) = l(x + \sqrt{1+x})$, en supposant $F(0) = 0$. D'ailleurs,

$$F'(x) = (1+x^2)^{-\frac{1}{2}} = 1 - \frac{1}{2}x^2 + \frac{1.3}{2.4}x^4 - \frac{1.3.5}{2.4.6}x^6 + \ldots;$$

donc

$$l(x + \sqrt{1+x^2}) = x - \frac{1}{2.3}x^3 + \frac{1.3}{2.4.5}x^5 - \frac{1.3.5}{2.4.6.7}x^7 + \ldots \quad (L)$$

147. *Remarque.* Si l'on change x en $x\sqrt{-1}$, on trouve

$$l(x\sqrt{-1} + \sqrt{1-x^2}) = \sqrt{-1}\left[x + \frac{1}{2.3}x^3 + \frac{1.3}{2.4.5}x^5 + \frac{1.3.5}{2.4.6.7}x^7 + \ldots \right];$$

c'est-à-dire, à cause du développement de arc sin x **(142)** :

$$l(x\sqrt{-1} + \sqrt{1-x^2}) = \sqrt{-1}\ \text{arc sin } x;$$

ou encore, en supposant $y = $ arc sin x :

$$l(\cos y + \sqrt{-1}\ \sin y) = y\sqrt{-1} ;$$

ce qui équivaut à la formule de Moivre **(115)**.

148. VII. *Développer la fonction dont la dérivée est* $\dfrac{1+x-\sqrt{1+x^2}}{x}$.

De

$$F'(x) = \frac{1+x-\sqrt{1+x^2}}{x},$$

on tire

$$F(x) = 2l\left(\frac{1+\sqrt{1+x^2}-x}{2} \right) - l\left(\sqrt{1+x^2} - x \right) + 1 + x - \sqrt{1+x^2},$$

en supposant $F(0) = 0$ (*).

Le développement du radical donne ensuite

$$F'(x) = 1 - \frac{1}{2}x + \frac{1}{2.4}x^3 - \frac{1.3}{2.4.6}x^5 + \frac{1.3.5}{2.4.6.8}x^7 - \ldots$$

(*) Pour remonter de la dérivée à la fonction primitive, on pose $\sqrt{1+x^2} = x+z$; ce qui donne

$$x = \frac{1-z^2}{2z}, \quad x'_z = -\frac{1}{2}\frac{1+z^2}{z^2}, \quad F'(x).x'_z = -\left[1 + \frac{1}{z} - \frac{2}{z+1} \right], \text{ etc.}$$

On voit que cette transformation a pour effet de rendre rationnelle la dérivée proposée.

Donc

$$F(x) = x - \frac{1}{2^2}x^2 + \frac{1}{2.4^2}x^4 - \frac{1.3}{2.4.6^2}x^6 + \frac{1.3.5}{2.4.6.8^2}x^8 - \ldots \qquad (M)$$

149. *Remarques.* I. En changeant x en $-x$ dans la formule (L), on a

$$l\left(\sqrt{1+x^2}-x\right) = -\left[x + \frac{1}{2.3}x^3 + \frac{1.3}{2.4.5}x^5 + \frac{1.3.5}{2.4.6.7}x^7 + \ldots\right].$$

De plus,

$$1+x-\sqrt{1+x^2} = xF'(x) = x - \frac{1}{2}x^2 + \frac{1}{2.4}x^4 - \frac{1.3}{2.4.6}x^6 + \frac{1.3.5}{2.4.6.8}x^8 - \ldots$$

Par conséquent,

$$2l\frac{1+\sqrt{1+x^2}-x}{2} = F(x) + l\left(\sqrt{1+x^2}-x\right) - \left(1+x-\sqrt{1+x^2}\right)$$

$$= x - \frac{1}{2^2}x^2 + \frac{1}{2.4^2}x^4 - \frac{1.3}{2.4.6^2}x^6 + \frac{1.3.5}{2.4.6.8^2}x^8 - \ldots$$

$$- \left[x + \frac{1}{2.3}x^3 + \frac{1.3}{2.4.5}x^5 + \frac{1.3.5}{2.4.6.7}x^7 + \ldots\right]$$

$$- \left[x - \frac{1}{2}x^2 + \frac{1}{2.4}x^4 - \frac{1.3}{2.4.6}x^6 + \frac{1.3.5}{2.4.6.8}x^8 - \ldots\right]$$

$$= -x + \frac{1}{2^2}x^2 - \frac{1}{2.3}x^3 - \frac{1.3}{2.4^2}x^4 - \frac{1.3}{2.4.5}x^5$$

$$+ \frac{1.3.5}{2.4.6^2}x^6 - \frac{1.3.5}{2.4.6.7}x^7 - \frac{1.3.5.7}{2.4.6.8^2}x^8 - \ldots \qquad (N)$$

II. Si l'on fait $x=1$ dans cette dernière formule, on trouve, après avoir changé tous les signes,

$$l2 = 1 - \frac{1}{2^2} + \frac{1}{2.3} + \frac{1.3}{2.4^2} + \frac{1.3}{2.4.5} - \frac{1.3.5}{2.4.6^2} + \frac{1.3.5}{2.4.6.7} + \frac{1.3.5.7}{2.4.6.8^2} + \frac{1.3.5.7}{2.4.6.8.9} - \ldots;$$

ce que l'on peut écrire ainsi :

$$l2 = 1 - \frac{1}{2^2.3} + \frac{1.3.9}{2.4^2.5} - \frac{1.3.5}{2.4.6^2.7} + \frac{1.3.5.7.17}{2.4.6.8^2.9} - \frac{1.3.5.7}{2.4.6.8^2.9} + \frac{1.3.5.7.9.21}{2.4.6.8.10^2.11} - \ldots \qquad (P)$$

CHAPITRE VI.

SOMMATION DES SÉRIES.

150. Nous avons indiqué précédemment (Chap. III) plusieurs procédés très-simples, et pour ainsi dire purement arithmétiques, qui permettent de sommer certaines séries. Nous allons exposer actuellement, autant que le comporte la nature de cet ouvrage, quelques-unes des méthodes générales que les géomètres ont imaginées, dans le dessein de résoudre le problème de la *sommation des séries*. Dans ce chapitre, nous serons obligé d'employer la notation *infinitésimale,* ce que nous avons évité jusqu'ici (*).

(*) Voici, pour les jeunes lecteurs qui n'ont pas en main un **Traité de Calcul intégral,** les principes de cette notation :

1° Si $y=f(x)$, $y'=f'(x)=\lim \dfrac{\Delta y}{\Delta x}$, se représente par $\dfrac{dy}{dx}$;

2° La partie *principale* de Δy, c'est-à-dire $y'\Delta x$, est appelée la *différentielle* de y : on la représente par dy;

3° Lorsque $x=y$, $\Delta y=\Delta x=dy$; en sorte que la différentielle de la fonction se réduit alors à l'accroissement de la variable indépendante : pour cette raison, ce dernier accroissement est généralement représenté par dx;

4° Conséquemment, le rapport des différentielles de y et de x, c'est-à-dire $dy : dx$, égale y' ou $\dfrac{dy}{dx}$ (1°). Autrement dit, $dy=\dfrac{dy}{dx}dx$;

5° $F(x)$ étant la *fonction primitive* la plus générale de $f(x)$, on écrit $F(x)=\int f(x)dx+C$: le signe $\int$, initiale du mot *somme,* s'énonce *somme de* ou *intégrale de.* D'ailleurs, l'adjonction de la *constante arbitraire* C montre que $\int f(x)dx$ est une *intégrale indéfinie,* ou la fonction primitive $\varphi(x)$ que l'on obtient en renversant les règles du calcul des dérivées;

6° Si $F(x)$ doit s'annuler pour $x=a$, on a $F(x)=\varphi(x)-\varphi(a)=\int_a^x f(x)dx$: a est la *limite inférieure* de l'intégrale;

7° L'expression $\int_a^b f(x)dx=\varphi(b)-\varphi(a)=F(b)$ s'appelle une *intégrale indéfinie* : elle est évidemment indépendante de x, si a et b en sont indépendantes;

8° L'équation $\int u\,dv=uv-\int v\,du$, que l'on vérifie en *différentiant* les deux membres, constitue le principe de l'*intégration par partie.*

PREMIÈRE MÉTHODE.

151. Elle consiste à effectuer, sur la série proposée, des différentiations ou des intégrations, de manière à en conclure, s'il est possible, une nouvelle série que l'on sache sommer (*).

Applications.

152. Problème I. *Sommer la série*

$$\frac{x}{1} + \frac{x^2}{2} + \frac{x^3}{3} + \ldots + \frac{x^n}{n} + \ldots$$

Solution. Si l'on représente par $f(x)$ la somme cherchée, on a

$$f'(x) = 1 + x + x^2 + \ldots + x^{n-1} + \ldots,$$

ou

$$f'(x) = \frac{1}{1-x}.$$

Donc
$$f(x) = -l(1-x);$$

ce que l'on savait (**).

153. Problème II. *Sommer la série*

$$f(x) = 1 + 2x + 3x^2 + 4x^3 + \ldots + nx^{n-1} + \ldots$$

Solution. Cette équation donne

$$\int f(x)dx = x + x^2 + x^3 + x^4 + \ldots + x^n + \ldots + C,$$
$$= \frac{x}{1-x} + C ;$$

puis, en prenant les dérivées des deux membres,

$$f(x) = \frac{1}{(1-x)^2}.$$

Ainsi,

$$\frac{1}{(1-x)^2} = 1 + 2x + 3x^2 + 4x^3 + \ldots + nx^{n-1} + \ldots;$$

résultat évident par la formule du binôme.

(*) Il est entendu, une fois pour toutes, que ces deux séries devront être convergentes.

(**) On traiterait de la même manière les séries qui représentent $\arctan x$, $\arcsin x$, etc.

154. PROBLÈME III. *Sommer la série*

$$f(x) = \frac{x^a}{a} + \frac{x^{a+b}}{a+b} + \frac{x^{a+2b}}{a+2b} + \ldots + \frac{x^{a+(n-1)b}}{a+(n-1)b} + \ldots,$$

Solution. Opérant comme pour le Problème I, on trouve

$$f'(x) = \frac{x^{a-1}}{1-x^b};$$

puis
$$f(x) = \int \frac{x^{a-1}}{1-x^b}\, dx. \tag{A}$$

Il s'agit donc, pour résoudre complétement la question, d'*effectuer l'intégration indiquée*, ou de *trouver la fonction primitive de* $\frac{x^{a-1}}{1-x^b}$. Toutes les fois que a et b sont entiers positifs, ce problème, dont nous allons donner quelques exemples, ne présente d'autre difficulté que la longueur des calculs.

155. PROBLÈME IV. *Sommer la série*

$$f(x) = \frac{x^3}{3} + \frac{x^7}{7} + \frac{x^{11}}{11} + \frac{x^{15}}{15} + \ldots$$

Solution. D'après la formule (A),

$$f(x) = \int \frac{x^2}{1-x^4}\, dx.$$

D'ailleurs,

$$\frac{x^2}{1-x^4} = \frac{1}{4(1-x)} + \frac{1}{4(1+x)} + \frac{1}{2(1+x^2)};$$

donc

$$f(x) = -\frac{1}{4}l(1-x) + \frac{1}{4}l(1+x) + \frac{1}{2}\operatorname{arc\,tg} x,$$

ou

$$f(x) = \frac{1}{4}l\frac{1+x}{1-x} + \frac{1}{2}\operatorname{arc\,tg} x\ (^*).$$

156. PROBLÈME V. *Sommer*

$$f(x) = \frac{x}{1} + \frac{x^7}{7} + \frac{x^{13}}{13} + \ldots$$

Solution. La formule (A) donne

$$f(x) = \int \frac{dx}{1-x^6}.$$

$(^*)$ On n'ajoute pas de constante, parce que $f(0) = 0$.

Le dénominateur $1-x^6$ se décompose en

$$(1-x)(1+x)(1-x+x^2)(1+x+x^2).$$

Par conséquent,

$$f(x)=A\,l(1-x)+A'l(1+x)+B\,l(1-x+x^2)+B'l(1+x+x^2)$$
$$+\,C\,\operatorname{arc\,tg}\frac{2x-1}{\sqrt{3}}+C'\,\operatorname{arc\,tg}\frac{2x+1}{\sqrt{3}},$$

A, A', B, B', C, C' étant des constantes. Pour les déterminer, prenons les dérivées des deux membres; nous aurons

$$\frac{1}{1-x^6}=-\frac{A}{1-x}+\frac{A'}{1+x}+\frac{B(-1+2x)}{1-x+x^2}+\frac{B'(1+2x)}{1+x+x^2}+\frac{C\sqrt{3}}{2(1-x+x^2)}+\frac{C'\sqrt{3}}{2(1+x+x^2)};$$

puis

$$A=-\frac{1}{6},\quad A'=\frac{1}{6},\quad B=-\frac{1}{12},\quad B'=\frac{1}{12},\quad C=C'=\frac{1}{6}\sqrt{3}.$$

Par suite,

$$f(x)=\frac{1}{6}\,l\frac{1+x}{1-x}+\frac{1}{12}\,l\frac{1+x+x^2}{1-x+x^2}+\frac{1}{6}\sqrt{3}\left[\operatorname{arc\,tg}\frac{2x-1}{\sqrt{3}}+\operatorname{arc\,tg}\frac{2x+1}{\sqrt{3}}\right];$$

ou enfin

$$f(x)=\frac{1}{12}\,l\frac{(1+x)^2(1+x+x^2)}{(1-x)^2(1-x+x^2)}+\frac{1}{6}\sqrt{3}\,\operatorname{arc\,tg}\frac{x\sqrt{3}}{1-x^2}.$$

157. Problème VI. *Sommer la série*

$$S=\left(\frac{1}{3}+\frac{1}{5}-2\frac{1}{4}\right)+\left(\frac{1}{7}+\frac{1}{9}-2\frac{1}{8}\right)+\left(\frac{1}{11}+\frac{1}{13}-2\frac{1}{12}\right)+\ldots$$

Solution. Cette série est un cas particulier de celle-ci :

$$f(x)=\left(\frac{x^3}{3}+\frac{x^5}{5}-2\frac{x^4}{4}\right)+\left(\frac{x^7}{7}+\frac{x^9}{9}-2\frac{x^8}{8}\right)+\left(\frac{x^{11}}{11}+\frac{x^{13}}{13}-2\frac{x^{12}}{12}\right)+\ldots,$$

qui donne, d'après la formule (A),

$$f(x)=\int\frac{x^2+x^4-2x^3}{1-x^4}\,dx=-x+\int\frac{dx}{1+x}+\int\frac{x\,dx}{1+x^2},$$

ou

$$f(x)=-x+l\left[(1+x)\sqrt{1+x^2}\right].$$

Faisant $x=1$ dans cette formule générale, on a donc

$$S=\frac{3}{2}\,l2-1.$$

138. *Remarque.* On arrive plus rapidement à ce résultat, en combinant la série proposée avec celle-ci :

$$l2 = \frac{1}{2} + \left(\frac{1}{3} - \frac{1}{4} + \frac{1}{5} - \frac{1}{6}\right) + \left(\frac{1}{7} - \frac{1}{8} + \frac{1}{9} - \frac{1}{10}\right) + \left(\frac{1}{11} - \frac{1}{12} + \frac{1}{13} - \frac{1}{14}\right) + \ldots$$

En effet,

$$S - l2 = -\frac{1}{2} - \left(\frac{1}{4} - \frac{1}{6}\right) - \left(\frac{1}{8} - \frac{1}{10}\right) - \left(\frac{1}{12} - \frac{1}{14}\right) - \ldots$$
$$= -\frac{1}{2} - \frac{1}{2}\lceil 1 - l2 \rceil;$$

etc.

139. PROBLÈME VII. *Sommer la série*

$$S = \left(2\frac{1}{2} - \frac{1}{3} - \frac{1}{5}\right) + \left(2\frac{1}{6} - \frac{1}{7} - \frac{1}{9}\right) + \left(2\frac{1}{10} - \frac{1}{11} - \frac{1}{13}\right) + \ldots$$

Solution. Posant

$$f(x) = \left(2\frac{x^2}{2} - \frac{x^3}{3} - \frac{x^5}{5}\right) + \left(2\frac{x^6}{6} - \frac{x^7}{7} - \frac{x^9}{9}\right) + \left(2\frac{x^{10}}{10} - \frac{x^{11}}{11} - \frac{x^{13}}{13}\right) + \ldots, \quad (a)$$

on trouve

$$f(x) = \int \frac{2x - x^2 - x^4}{1 - x^4}\, dx = x - l\frac{1+x}{\sqrt{1+x^2}};$$

et, par conséquent,

$$S = 1 - \frac{1}{2} l2.$$

160. *Remarques.* 1. Cette valeur résulte aussi de ce que

$$-l2 = -1 + \left(\frac{1}{2} - \frac{1}{3} + \frac{1}{4} - \frac{1}{5}\right) + \left(\frac{1}{6} - \frac{1}{7} + \frac{1}{8} - \frac{1}{9}\right) + \left(\frac{1}{10} - \frac{1}{11} + \frac{1}{12} - \frac{1}{13}\right) + \ldots$$

II. Si l'on ajoute membre à membre les deux égalités

$$-1 + l2 = -\left(\frac{1}{2} - \frac{1}{3} + \frac{1}{4} - \frac{1}{5}\right) - \left(\frac{1}{6} - \frac{1}{7} + \frac{1}{8} - \frac{1}{9}\right) - \left(\frac{1}{10} - \frac{1}{11} + \frac{1}{12} - \frac{1}{13}\right) - \ldots,$$

$$2 - l2 = 2\left(2\frac{1}{2} - \frac{1}{3} - \frac{1}{5}\right) + 2\left(2\frac{1}{6} - \frac{1}{7} - \frac{1}{9}\right) + 2\left(2\frac{1}{10} - \frac{1}{11} - \frac{1}{13}\right) + \ldots,$$

on obtient

$$1 = \left(\frac{3}{2} - \frac{1}{3} - \frac{1}{4} - \frac{1}{5}\right) + \left(\frac{3}{6} - \frac{1}{7} - \frac{1}{8} - \frac{1}{9}\right) + \left(\frac{3}{10} - \frac{1}{11} - \frac{1}{12} - \frac{1}{13}\right) + \ldots,$$

ou

$$1 = \frac{1}{2}\left(\frac{1}{3} + \frac{2}{4} + \frac{3}{5}\right) + \frac{1}{6}\left(\frac{1}{7} + \frac{2}{8} + \frac{3}{9}\right) + \frac{1}{10}\left(\frac{1}{11} + \frac{2}{12} + \frac{3}{13}\right) + \ldots$$

III. Si, après avoir écrit ainsi la série proposée :

$$S = \left(1 - \frac{1}{3} - \frac{1}{5}\right) + \left(\frac{1}{3} - \frac{1}{7} - \frac{1}{9}\right) + \left(\frac{1}{5} - \frac{1}{11} - \frac{1}{13}\right) + \ldots,$$

on avait pris

$$f(x) = \left(\frac{x}{1} - \frac{x^3}{3} - \frac{x^5}{5}\right) + \left(\frac{x^3}{3} - \frac{x^7}{7} - \frac{x^9}{9}\right) + \left(\frac{x^5}{5} - \frac{x^{11}}{11} - \frac{x^{13}}{13}\right) + \ldots,$$

et que l'on eût fait à part la somme des termes positifs et la somme des termes négatifs, on aurait trouvé

$$f(x) = \int \left[\frac{1}{1 - x^2} - \frac{x^2 + x^4}{1 - x^4}\right] dx = x;$$

puis, en supposant $x = 1$,

$$S = 1.$$

Le premier résultat est exact tant que x est inférieur à 1; mais le second est complétement faux.

En effet, lorsque $x = 1$, les deux séries partielles

$$1 + \frac{1}{5} + \frac{1}{6} + \frac{1}{7} + \ldots,$$

$$\left(\frac{1}{3} + \frac{1}{5}\right) + \left(\frac{1}{7} + \frac{1}{9}\right) + \left(\frac{1}{11} + \frac{1}{13}\right) + \ldots$$

devenant divergentes, on ne peut plus appliquer ce principe : *la différence des sommes est égale à la somme des différences* (*).

161. PROBLÈME VIII. *Évaluer*

$$f(x) = \frac{x^a}{a} - \frac{x^{a+b}}{a+b} + \frac{x^{a+2b}}{a+2b} - \frac{x^{a+3b}}{a+3b} + \ldots$$

(*) Si l'on représente par S_n la somme des n premiers termes de la série (a), on trouve

$$S_n = x - \left[\frac{x^{4n+1}}{2n+1} + \frac{x^{2n+3}}{2n+3} + \ldots + \frac{x^{4n-1}}{4n-1}\right].$$

Tant que x est inférieur à l'unité, la quantité entre parenthèses a pour limite zéro; mais, si $x = 1$, cette même quantité est comprise entre

$$\frac{1}{2} l\frac{4n+1}{2n+1} \quad \text{et} \quad \frac{1}{2} l\frac{4n-1}{2n-1}$$

(87); donc elle a pour limite $\frac{1}{2} l2$.

L'exemple que nous venons de traiter montre, une fois de plus, combien l'emploi des séries exige d'attention.

Solution. D'après le Problème III,

$$f(x)=\int \frac{x^{a-1}}{1+x^b}\,dx. \tag{B}$$

Par exemple,

$$\frac{x^2}{2}-\frac{x^5}{5}+\frac{x^8}{8}-\frac{x^{11}}{11}+\ldots=\int \frac{x\,dx}{1+x^3}=\frac{1}{6}l\frac{1-x+x^2}{(1+x)^2}+\frac{1}{\sqrt{3}}\left(\text{arc tg}\frac{2x-1}{\sqrt{3}}+\frac{\pi}{6}\right),$$

et

$$\frac{1}{2}-\frac{1}{5}+\frac{1}{8}-\frac{1}{11}+\ldots=-\frac{1}{3}l2+\frac{\pi}{3\sqrt{3}}.$$

162. PROBLÈME IX. *Déterminer*

$$f(x)=ax^{a-1}+(a+b)x^{a+b-1}+(a+2b)x^{a+2b-1}+\ldots$$

Solution. Opérant comme pour le Problème II, on a

$$\int f(x)\,dx=x^a+x^{a+b}+x^{a+2b}+\ldots=\frac{x^a}{1-x^b},$$

puis

$$f(x)=\frac{a+(b-a)x^b}{(1-x^b)^2}x^{a-1}. \tag{C}$$

163. PROBLÈME X. *Déterminer*

$$f(x)=ax^{\alpha}+(a+b)x^{\alpha+\beta}+\ldots+(a+nb)x^{\alpha+n\beta}+\ldots$$

Solution. Pour ramener ce problème au précédent, multiplions les deux membres par px^q, et tâchons de déterminer p et q de manière à avoir

$$p(a+nb)=\alpha+n\beta+q+1,$$

pour toutes les valeurs de n. Cette condition donne

$$pb=\beta,\quad pa=\alpha+q+1,$$

ou

$$p=\frac{\beta}{b},\qquad q=\frac{a\beta-b\alpha}{b}-1.$$

D'ailleurs, d'après la formule (C),

$$px^q f(x)=p\frac{a+(b-a)x^{pb}}{(1-x^{pb})^2}x^{ap-1};$$

donc

$$f(x)=\frac{a+(b-a)x^{\beta}}{(1-x^{\beta})^2}x^{\alpha}. \tag{D}$$

164. PROBLÈME XI. *Déterminer*

$$f(x) = \frac{x^\alpha}{a} + \frac{x^{\alpha+\beta}}{a+b} + \frac{x^{\alpha+2\beta}}{a+2b} + \ldots + \frac{x^{\alpha+n\beta}}{a+nb} + \ldots$$

Solution. Ce problème, généralisation du Problème III, se résout comme le précédent. On trouve, en multipliant tous les termes de la série par $\frac{x^q}{p}$, et disposant convenablement des quantités p, q :

$$f(x) = \frac{\beta}{b} x^{-\frac{a\beta-bx}{b}} \int \frac{x^{\frac{a\beta}{b}-1}}{1-x^\beta} \, dx. \tag{E}$$

165. En réitérant l'application des mêmes procédés, on peut sommer les séries dont le terme général a la forme

$$\frac{a(a+b)\ldots(a+nb)}{a'(a'+b')\ldots(a'+nb')} \, x^{\alpha+n\beta} \; (^*).$$

Pour abréger, nous nous contenterons de prendre deux cas particuliers.

166. PROBLÈME XII. *Sommer la série*

$$f(x) = \frac{1}{2.3} x^2 - \frac{2}{3.4} x^3 + \frac{3}{4.5} x^4 - \ldots \pm \frac{n}{(n+1)(n+2)} x^{n+1} \mp \ldots$$

Solution. On a

$$f'(x) = \frac{1}{3} x - \frac{2}{4} x^2 + \frac{3}{5} x^3 - \ldots \pm \frac{n}{n+2} x^n \mp \ldots;$$

puis

$$\int \frac{f'(x)}{x} \, dx = \frac{x}{3} - \frac{x^2}{4} + \frac{x^3}{5} - \ldots \pm \frac{x^n}{n+2} \mp \ldots,$$

ou

$$\int \frac{f'(x)}{x} \, dx = \frac{1}{x^2} \left[l(1+x) - x + \frac{x^2}{2} \right].$$

Cette équation donne

$$f'(x) = \frac{2}{x} - \frac{1}{x+1} - \frac{2}{x^2} l(1+x).$$

Par conséquent,

$$f(x) = 2lx - l(x+1) - 2 \int \frac{dx}{x^2} l(1+x).$$

(*) Le lecteur pourra consulter, sur ce sujet, le grand *Traité* de Lacroix (t. III, p. 384).

En intégrant par parties (150), on trouve

$$\int \frac{dx}{x^2} l(1+x) = -\frac{1}{x} l(1+x) + lx - l(1+x) + C.$$

A cause de

$$\frac{l(1+x)}{x} = 1 \text{ pour } x = 0,$$

la constante C égale 1 ; donc

$$f(x) = \left(1 + \frac{2}{x}\right) l(1+x) - 2 ;$$

ou, ce qui est équivalent,

$$l(1+x) = \frac{x}{2+x}\left[2 + \frac{1}{2.3} x^2 - \frac{2}{3,4} x^3 + \frac{5}{4,5} x^4 - \ldots \right] \, (^*).$$

167. PROBLÈME XIII. *Sommer la série*

$$\frac{x^{\alpha_i}}{a^i} + \frac{x^{\alpha_i + \beta_i}}{(a+b)^i} + \frac{x^{\alpha_i + 2\beta_i}}{(a+2b)^i} + \ldots + \frac{x^{\alpha_i + n\beta_i}}{(a+nb)^i} + \ldots \tag{1}$$

Solution. Représentons par S_i la somme cherchée. Nous pouvons écrire, pour abréger,

$$S_i = \sum_0^\infty \frac{x^{\alpha_i + n\beta_i}}{(a+nb)^i}. \tag{2}$$

Multiplions les deux membres par $\frac{x^q}{p}$, et disposons des quantités p, q de manière que l'exposant de x devienne égal à $p(a+nb)$. Nous aurons (Probl. XI) :

$$\left[\frac{x^q}{p} S_i\right]' = \sum_0^\infty \frac{x^{p(a+nb)-1}}{(a+nb)^{i-1}}, \tag{3}$$

$$p = \frac{\beta_i}{b}, \quad q = \frac{a\beta_i - b\alpha_i}{b}.$$

Le numérateur $x^{p(a+nb)-1}$ peut être remplacé par $x^{\alpha_{i-1} + n\beta_{i-1}}$, si l'on pose

$$\alpha_{i-1} = \frac{a\beta_i}{b} - 1, \quad \beta_{i-1} = \beta_i.$$

(^*) Cette formule est due à **M.** Gudermann (*Journal de Crelle*, t. **XXVIII**). Elle montre que, si l'on néglige les termes du troisième ordre, on peut écrire

$$l(1+x) = \frac{2x}{2+x}.$$

Nous aurons donc, au lieu de l'équation (3) :

$$\left[\frac{x^q}{p}\,S_i\right]' = \sum_0^\infty \frac{x^{\alpha_i-1+n\beta_i-1}}{(a+nb)^{i-1}} = S_{i-1};$$

d'où

$$S_i = \frac{\beta_i}{b}\, x^{-\frac{a\beta_i-b\alpha_i}{b}} \int S_{i-1}\, dx. \qquad (4)$$

La somme S_i étant ainsi exprimée au moyen de la somme S_{i-1}, il s'ensuit qu'en appliquant plusieurs fois de suite la formule (4), et en se rappelant que

$$S_1 = \frac{\beta_1}{b}\, x^{-\frac{a\beta_1-b\alpha_1}{b}} \int \frac{x^{\frac{a\beta_1}{b}-1}}{1-x^{\beta_1}}\, dx, \qquad (E)$$

on aura l'expression de S_i en fonction des données de la question (*).

DEUXIÈME MÉTHODE.

168. Soit y la fonction inconnue dont le développement est donné. Si l'on peut obtenir, entre y et la variable x, une équation différentielle que l'on sache intégrer, il est clair que, par cela même, on aura sommé la série.

Applications.

169. Problème XIV. *Sommer la série*

$$y = 1 + \frac{x}{1} + \frac{x^2}{1.2} + \frac{x^3}{1.2.3} + \frac{x^4}{1.2.3.4} + \ldots$$

Solution. On a

$$y' = \quad 1 + \frac{x}{1} + \frac{x^2}{1.2} + \frac{x^3}{1.2.3} + \ldots,$$

ou

$$y' = y,$$

___

(*) Il est vrai que les intégrations indiquées ne pouvant pas généralement être effectuées, cette solution est à peu près illusoire.

ou encore

$$\frac{y'}{y} = 1.$$

Cette équation donne

$$ly = x + lC,$$

ou

$$y = Ce^{x}.$$

La fonction y doit se réduire à 1 lorsque $x = 0$; donc enfin

$$y = e^{x} ;$$

ce qui devait être (112).

170. PROBLÈME XV. *Déterminer*

$$y = x - \frac{x^{3}}{1.2.3} + \frac{x^{5}}{1.2.3.4.5} - \frac{x^{7}}{1.2.3.....7} + ... \qquad (1)$$

Solution. Si l'on prend les deux premières dérivées, on trouve

$$y'' = -y. \qquad (2)$$

On satisfait à cette équation en supposant

$$y = A \sin x + B \cos x, \qquad (3)$$

A et B étant des constantes arbitraires (*). Mais, pour $x = 0$, on doit avoir $y = 0$, $y' = 1$; donc

$$B = 0, \quad A = 1,$$

et

$$y = \sin x.$$

171. PROBLÈME XVI. *Sommer la série*

$$y = 1 - \frac{x^{2}}{1.2} + \frac{x^{4}}{1.2.3.4} - \frac{x^{6}}{1.2.....6} + ...$$

Solution. Il résulte, du Problème XV, que

$$y = \cos x.$$

172. PROBLÈME XVII. *Déterminer*

$$y = \frac{1}{2} x^{2} + \frac{1.3}{2.4} x^{4} + \frac{1.3.5}{2.4.6} x^{6} + ... \qquad (1)$$

(*) On démontre, dans les Traités de Calcul intégral, que cette valeur de y est l'*intégrale générale* de l'équation (**2**).

Solution. Cette équation donne d'abord

$$\frac{dy}{dx} = x + \frac{1.3}{2} x^3 + \frac{1.3.5}{2.4} x^5 + \ldots,$$

puis

$$\int \frac{1}{x} dy = x + \frac{1}{2} x^3 + \frac{1.3}{2.4} x^5 + \frac{1.3.5}{2.4.6} x^7 + \ldots,$$

ou

$$\int \frac{1}{x} dy = x + xy ;$$

ou encore, en différenciant les deux membres,

$$\frac{1}{x} dy = (1+y)dx + xdy. \tag{2}$$

Si l'on écrit ainsi cette équation différentielle :

$$\frac{dy}{1+y} = \frac{xdx}{1-x^2},$$

on voit qu'elle a pour intégrale :

$$l(1+y) = -\frac{1}{2} l(1-x^2) ;$$

d'où l'on conclut :

$$y = -1 + (1-x^2)^{-\frac{1}{2}}. \tag{3}$$

Ce résultat est évident par la formule du binôme (*).

173. PROBLÈME XVIII. *Sommer la série*

$$y = 1 + \frac{m}{1} x + \frac{m(m-1)}{1.2} x^2 + \frac{m(m-1)(m-2)}{1.2.3} x^3 + \ldots$$

Solution. En opérant comme dans le Problème XVII, on trouve successivement :

$$\frac{dy}{dx} = m + \frac{m(m-1)}{1} x + \frac{m(m-1)(m-2)}{1.2} x^3 + \ldots,$$

(*) Le terme général de la série (1) a la forme $\dfrac{a(a+b)\ldots(a+nb)}{a'(a'+b')\ldots(a'+nb')} x^{a+b}$ considérée ci-dessus (165). Mais on voit qu'en faisant disparaître les facteurs $a+nb$, $a'+nb'$, on retombe sur le point de départ. C'est pourquoi nous avons placé cet exemple dans les applications de la seconde méthode. La même remarque est applicable au problème suivant, généralisation de celui-ci.

$$\int x^{-m-1}dy = -x^{-m} - \frac{m}{1}x^{-m+1} - \frac{m(m-1)}{1.2}x^{-m+2} - \ldots,$$

$$\int x^{-m-1}dy = yx^{-m},$$

$$x^{-m-1}dy = x^{-m}dy - myx^{-m-1}dx,$$

$$\frac{dy}{y} = m\frac{dx}{1+x},$$

$$ly = ml(1+x);$$

et enfin

$$y = (1+x)^m.$$

On a ainsi une nouvelle démonstration de la formule du binôme.

174. Problème XIX. *Sommer la série*

$$y = 1 + \frac{1}{a+1}x + \frac{1.2}{(a+1)(a+2)}x^2 + \frac{1.2.3}{(a+1)(a+2)(a+3)}x^3 + \ldots \quad (*) \quad (1)$$

Solution. Le procédé suivi plusieurs fois donne

$$\int \frac{(yx^a)'}{x^a}dx = alx + x + \frac{1}{a+1}x^2 + \frac{1.2}{(a+1)(a+2)}x^3 + \frac{1.2.3}{(a+1)(a+2)(a+3)}x^4 + \ldots,$$

ou

$$\int \frac{(yx^a)'}{x^a}dx = alx + xy,$$

ou encore

$$y' + \frac{a-x}{x-x^2}y = \frac{a}{x-x^2}. \qquad (2)$$

Si l'on compare cette équation (2) à l'*équation générale du pre-mier ordre et du premier degré* :

$$y' + Py = Q, \qquad (3)$$

dont l'intégrale est

$$y = e^{-\int Pdx}\int Qdx\, e^{\int Pdx} \quad (**), \qquad (4)$$

(*) Ce problème, généralisation d'un de ceux que nous avons résolus dans le cha-pitre III (58), échappe encore à la première méthode (172, note).

(**) Si l'on multiplie les deux membres de l'équation (3) par $e^{\int Pdx}$, le premier membre devient la dérivée exacte de $ye^{\int Pdx}$. On a donc

$$[ye^{\int Pdx}]' = Qe^{\int Pdx},$$

ou

$$ye^{\int Pdx} = \int Qdx\, e^{\int Pdx}; \text{ etc.}$$

on trouve

$$y = a \frac{(1-x)^{a-1}}{x^a} \int \frac{x^{a-1}}{(1-x)^a} dx. \tag{5}$$

Telle est la somme de la série (1). Il restera, dans chaque cas particulier, à effectuer l'intégration indiquée.

175. Si a est entier positif, l'intégration par parties donne, successivement,

$$\int \frac{x^{a-1}}{(1-x)^a} dx = \frac{1}{a-1}\left(\frac{x}{1-x}\right)^{a-1} - \int \frac{x^{a-2}}{(1-x)^{a-1}} dx,$$

$$\int \frac{x^{a-2}}{(1-x)^{a-1}} dx = \frac{1}{a-2}\left(\frac{x}{1-x}\right)^{a-2} - \int \frac{x^{a-3}}{(1-x)^{a-2}} dx,$$

$$\cdot \cdot \cdot \cdot \cdot \cdot \cdot \cdot \cdot \cdot \cdot \cdot \cdot \cdot \cdot \cdot \cdot \cdot \cdot$$

$$\int \frac{x}{(1-x)^2} dx = \frac{1}{1}\left(\frac{x}{1-x}\right) + l(1-x) + C.$$

Donc

$$y = a \frac{(1-x)^{a-1}}{x^a}\left[\frac{1}{a-1}\left(\frac{x}{1-x}\right)^{a-1} - \frac{1}{a-2}\left(\frac{x}{1-x}\right)^{a-2} + \ldots \pm \frac{1}{1}\frac{x}{1-x} \pm l(1-x) \pm C\right] : \tag{6}$$

les signes supérieurs se rapportent au cas où a est pair.

Pour déterminer la constante C, remarquons que, pour des valeurs de x suffisamment petites,

$$-l(1-x) = l\frac{1}{1-x} = l\left(1+\frac{x}{1-x}\right) =$$

$$\frac{x}{1-x} - \frac{1}{2}\left(\frac{x}{1-x}\right)^2 + \frac{1}{3}\left(\frac{x}{1-x}\right)^3 - \ldots \pm \frac{1}{a-1}\left(\frac{x}{1-x}\right)^{a-1} \mp \frac{1}{a}\left(\frac{x}{1-x}\right)^a \pm \ldots$$

Donc

$$y = a\frac{(1-x)^{a-1}}{x^a}\left[\frac{1}{a}\left(\frac{x}{1-x}\right)^a - \frac{1}{a+1}\left(\frac{x}{1-x}\right)^{a+1} + \frac{1}{a+2}\left(\frac{x}{1-x}\right)^{a+2} - \ldots \pm C\right]. \tag{7}$$

Supprimant le facteur commun x^a, puis faisant $x = 0$, nous trouvons

$$y = 1 + \frac{C}{0}.$$

Or, la série (1) se réduit à son premier terme lorsque $x = 0$; donc la constante est nulle, et

$$y = a\frac{(1-x)^{a-1}}{x^a}\left[\frac{1}{a-1}\left(\frac{x}{1-x}\right)^{a-1} - \frac{1}{a-2}\left(\frac{x}{1-x}\right)^{a-2} + \ldots \pm \frac{1}{1}\frac{x}{1-x} \pm l(1-x)\right]. \tag{8}$$

176. *Remarques.* I. D'après le dernier calcul, les deux séries

$$1+\frac{1}{a+1}x+\frac{1.2}{(a+1)(a+2)}x^2+\frac{1.2.3}{(a+1)(a+2)(a+3)}x^3+\ldots,$$

$$\frac{a}{1-x}\left[\frac{1}{a}-\frac{1}{a+1}\left(\frac{x}{1-x}\right)+\frac{1}{a+2}\left(\frac{x}{1-x}\right)^2-\frac{1}{a+3}\left(\frac{x}{1-x}\right)^3+\ldots\right]$$

ont la même limite, lorsque $\dfrac{x}{1-x}$ ne surpasse pas l'unité.

II. En particulier, si $\dfrac{x}{1-x}=1$,

$$1+\frac{1}{2(a+1)}+\frac{1.2}{4(a+1)(a+2)}+\frac{1.2.3}{8(a+1)(a+2)(a+3)}+\ldots$$

$$=2a\left[\frac{1}{a}-\frac{1}{a+1}+\frac{1}{a+2}-\frac{1}{a+3}+\ldots\right]. \qquad (9)$$

III. D'après la formule (8), si $x=1$,

$$y=\frac{a}{a-1},$$

ainsi qu'on l'a vu précédemment (58) (*).

177. Problème XX. *Déterminer la fonction qui a pour développement*

$$y=x+\frac{2}{3}\frac{x^2}{2}+\frac{2.4}{3.5}\frac{x^3}{3}+\frac{2.4.6}{3.5.7}\frac{x^4}{4}+\ldots \qquad (1)$$

Solution. On trouve, sans difficulté,

$$\frac{\left(\frac{dy}{dx}\sqrt{x}\right)'}{\sqrt{x}}=\frac{1}{2x}+1+\frac{2.2}{3}x+\frac{2.4.3}{3.5}x^2+\frac{2.4.6.4}{3.5.7}x^3+\ldots,$$

puis

$$\int\frac{\left(\frac{dy}{dx}\sqrt{x}\right)'}{\sqrt{x}}dx=\frac{1}{2}lx+x+\frac{2}{3}x^2+\frac{2.4}{3.5}x^3+\frac{2.4.6}{2.5.7}x^4+\ldots,$$

ou

$$\int\frac{\left(\frac{dy}{dx}\sqrt{x}\right)'}{\sqrt{x}}=\frac{1}{2}lx+x\frac{dy}{dx}. \qquad (2)$$

(*) Le produit $(1-x)a-1\,l(1-x)$ se présente sous forme indéterminée, lorsque $x=1$; mais il est facile de voir que sa vraie valeur est zéro.

Pour simplifier cette équation, posons

$$\frac{dy}{dx}\sqrt{x}=z;$$

elle deviendra

$$\int\frac{dz}{\sqrt{x}}=\frac{1}{2}\,lx+z\sqrt{x}. \tag{3}$$

Celle-ci donne aisément

$$z'-\frac{1}{2(1-x)}z=\frac{1}{2(1-x)\sqrt{x}}, \tag{4}$$

équation dont l'intégrale est (174)

$$z=\frac{1}{2\sqrt{1-x^2}}\,\mathrm{arc\,cos}\,(1-2x). \tag{5}$$

D'ailleurs,

$$dy=\frac{z\,dx}{\sqrt{x}};$$

donc

$$y=\frac{1}{2}\int\frac{dx}{\sqrt{x-x^2}}\,\mathrm{arc\,cos}\,(1-2x),$$

ou

$$y=\frac{1}{4}\left[\mathrm{arc\,cos}\,(1-2x)\right]^2, \tag{6}$$

ou enfin

$$y=(\mathrm{arc\,sin}\,\sqrt{x})^2\ (^*).$$

178. *Remarques.* I. Le développement de la fonction

$$\mathrm{arc\,sin}\,\sqrt{x}$$

est

$$x^{\frac{1}{2}}+\frac{1}{2}\cdot\frac{1}{3}x^{\frac{3}{2}}+\frac{1.3}{2.4}\frac{1}{5}x^{\frac{5}{2}}+\frac{1.5.5}{2.4.6}\frac{1}{7}x^{\frac{7}{2}}+\ldots.. \tag{7}$$

Par conséquent, *la série* (1) *représente le carré de la série* (7).

II. En particulier, si l'on suppose $x=\frac{1}{2}$, on a

$$\frac{\pi}{4}=\frac{1}{\sqrt{2}}\left[1+\frac{1}{4.3}+\frac{1.3}{4.8.3}+\frac{1.3.5}{4.8.12.7}+\ldots..\right], \tag{8}$$

(*) Cet exemple, et le rapprochement curieux indiqué dans la remarque suivante, sont tirés d'un Mémoire de M. Clausen (*Journal de Crelle*, t. III).

et

$$\frac{\pi^3}{8} = 1 + \frac{1}{3.2} + \frac{1.2}{3.5.3} + \frac{1.2.3}{3.5.7.4} + \frac{1.2.3.4}{3.5.7.9.5} + \dots \qquad (9)$$

179. Problème XXI. *Sommer les deux séries*

$$y = x \cos\varphi + \frac{1}{2} x^2 \cos 2\varphi + \frac{1}{3} x^3 \cos 3\varphi + \dots \qquad (1)$$

$$z = x \sin\varphi + \frac{1}{2} x^2 \sin 2\varphi + \frac{1}{3} x^3 \sin 3\varphi + \dots \qquad (2)$$

Solution. On a, d'après la formule de Moivre,

$$y + z\sqrt{-1} = x e^{\varphi\sqrt{-1}} + \frac{1}{2} x^2 e^{2\varphi\sqrt{-1}} + \frac{1}{3} x^3 e^{3\varphi\sqrt{-1}} + \dots;$$

et, en prenant les dérivées par rapport à x,

$$y' + z'\sqrt{-1} = e^{\varphi\sqrt{-1}} + x e^{2\varphi\sqrt{-1}} + x^2 e^{3\varphi\sqrt{-1}} + \dots,$$

ou

$$y' + z'\sqrt{-1} = \frac{e^{\varphi\sqrt{-1}}}{1 - x e^{\varphi\sqrt{-1}}}. \qquad (3)$$

Par conséquent,

$$y + z\sqrt{-1} = -l\left[1 - x(\cos\varphi + \sqrt{-1}\sin\varphi)\right],$$

ou

$$e^{-y}(\cos z - \sqrt{-1}\sin z) = 1 - x(\cos\varphi + \sqrt{-1}\sin\varphi). \qquad (4)$$

Cette équation se partage en ces deux-ci :

$$e^{-y}\cos z = 1 - x\cos\varphi, \quad e^{-y}\sin z = x\sin\varphi;$$

d'où l'on conclut

$$\operatorname{tg} z = \frac{x\sin\varphi}{1 - x\cos\varphi}, \quad e^{-2y} = 1 - 2x\cos\varphi + x^2;$$

c'est-à-dire

$$z = \operatorname{arc\,tg}\frac{x\sin\varphi}{1 - x\cos\varphi}, \quad y = -\frac{1}{2} l(1 - 2x\cos\varphi + x^2)\,(*). \qquad (5)$$

180. *Remarques.* I. Si l'on change φ en $\frac{\pi}{2} - \varphi$ dans les séries (1), (2) et dans les formules (4), (5), on obtient

---

(*) Ces résultats remarquables sont dus, je crois, à M. Lobatto (*Recherches sur la sommation de quelques séries trigonométriques.* Delft, 1827).

$$x \sin \varphi - \frac{1}{2} x^2 \cos 2\varphi - \frac{1}{3} x^3 \sin 3\varphi + \frac{1}{4} x^4 \cos 4\varphi + \frac{1}{5} x^5 \sin 5\varphi - \ldots$$

$$= -\frac{1}{2} l(1 - 2x \sin \varphi + x^2),$$

$$x \cos \varphi + \frac{1}{2} x^2 \sin 2\varphi - \frac{1}{3} x^3 \cos 3\varphi - \frac{1}{4} x^4 \sin 4\varphi + \frac{1}{5} x^5 \cos 5\varphi + \ldots$$

$$= \operatorname{arc\,tg} \frac{x \cos \varphi}{1 - x \sin \varphi};$$

puis, par le changement de x en $-x$:

$$x \sin \varphi + \frac{1}{2} x^2 \cos 2\varphi - \frac{1}{3} x^3 \sin 3\varphi - \frac{1}{4} x^4 \cos 4\varphi + \frac{1}{5} x^5 \sin 5\varphi + \ldots$$

$$= \frac{1}{2} l(1 + 2x \sin \varphi + x^2),$$

$$x \cos \varphi - \frac{1}{2} x^2 \sin 2\varphi - \frac{1}{3} x^3 \cos 3\varphi + \frac{1}{4} x^4 \sin 4\varphi + \frac{1}{5} x^5 \cos 5\varphi - \ldots$$

$$= \operatorname{arc\,tg} \frac{x \cos \varphi}{1 + x \sin \varphi}.$$

Ces quatre dernières relations, combinées deux à deux, donnent

$$x \sin \varphi - \frac{1}{3} x^3 \sin 3\varphi + \frac{1}{5} x^5 \sin 5\varphi - \ldots = \frac{1}{4} l \frac{1 + 2x \sin \varphi + x^2}{1 - 2x \sin \varphi + x^2},$$

$$x \cos \varphi - \frac{1}{3} x^3 \cos 3\varphi + \frac{1}{5} x^5 \cos 5\varphi - \ldots = \frac{1}{2} \operatorname{arc\,tg} \frac{2x \cos \varphi}{1 - x^2};$$

puis, par le changement de φ en $\frac{\pi}{2} - \varphi$:

$$x \cos \varphi + \frac{1}{3} x^3 \cos 3\varphi + \frac{1}{5} x^5 \cos 5\varphi + \ldots = \frac{1}{4} l \frac{1 + 2x \cos \varphi + x^2}{1 - 2x \cos \varphi + x^2},$$

$$x \sin \varphi + \frac{1}{3} x^3 \sin 3\varphi + \frac{1}{5} x^5 \sin 5\varphi + \ldots = \frac{1}{2} \operatorname{arc\,tg} \frac{2x \sin \varphi}{1 - x^2}.$$

II. On a donc ce système de formules :

$$\sum_1^\infty \frac{x^n}{n} \cos n\varphi = -\frac{1}{2} l(1 - 2x \cos \varphi + x^2), \qquad (A)$$

$$\sum_1^\infty \frac{x^n}{n} \sin n\varphi = \operatorname{arc\,tg} \frac{x \sin \varphi}{1 - x \cos \varphi}, \qquad (B)$$

$$\sum_0^\infty \frac{x^{2n+1}}{2n+1} \cos (2n+1)\varphi = \frac{1}{4} l \frac{1 + 2x \cos \varphi + x^2}{1 - 2x \cos \varphi + x^2}, \qquad (C)$$

$$\sum_0^\infty \frac{x^{2n+1}}{2n+1} \sin (2n+1)\varphi = \frac{1}{2} \operatorname{arc\,tg} \frac{2x \sin \varphi}{1 - x^2}, \qquad (D)$$

$$\sum_0^\infty \frac{(-x)^{2n+1}}{2n+1} \cos (2n+1)\varphi = -\frac{1}{2} \operatorname{arc\,tg} \frac{2x \cos \varphi}{1 - x^2}, \qquad (E)$$

106   TRAITÉ ÉLÉMENTAIRE DES SÉRIES.

$$\sum_0^\infty \frac{(-x)^{2n+1}}{2n+1}\sin(2n+1)\varphi = \frac{1}{4}\, l\,\frac{1-2x\sin\varphi+x^2}{1+2x\sin\varphi+x^2}\ (^*). \qquad (\mathrm{F})$$

III. Les séries (A), ..., (F), convergentes lorsque x^2 est moindre que 1, le sont encore pour $x=\pm 1$ (137). On a donc, après quelques réductions,

$$\cos\varphi+\frac{1}{2}\cos 2\varphi+\frac{1}{3}\cos 3\varphi+\ldots = -l\left(2\sin\frac{1}{2}\varphi\right), \qquad (6)$$

$$\sin\varphi+\frac{1}{2}\sin 2\varphi+\frac{1}{3}\sin 3\varphi+\ldots = \frac{\pi}{2}-\frac{\varphi}{2}, \qquad (7)$$

$$\cos\varphi+\frac{1}{3}\cos 3\varphi+\frac{1}{5}\cos 5\varphi+\ldots = \frac{1}{2}\,l\cot\frac{1}{2}\varphi, \qquad (8)$$

$$\sin\varphi+\frac{1}{3}\sin 3\varphi+\frac{1}{5}\sin 5\varphi+\ldots = \frac{\pi}{4}, \qquad (9)$$

$$\cos\varphi-\frac{1}{3}\cos 3\varphi+\frac{1}{5}\cos 5\varphi-\ldots = \frac{\pi}{4}, \qquad (10)$$

$$\sin\varphi-\frac{1}{3}\sin 3\varphi+\frac{1}{5}\sin 5\varphi-\ldots = \frac{1}{2}\,l\,\mathrm{tg}\left(\frac{\pi}{4}+\frac{\varphi}{2}\right), \qquad (11)$$

$$\cos\varphi-\frac{1}{2}\cos 2\varphi+\frac{1}{3}\cos 3\varphi-\ldots = l\left(2\cos\frac{1}{2}\varphi\right), \qquad (12)$$

$$\sin\varphi-\frac{1}{2}\sin 2\varphi+\frac{1}{3}\sin 3\varphi-\ldots = \frac{1}{2}\varphi\ (^{**}). \qquad (13)$$

IV. Dans les formules (6), (7), ..., (11), prenons $\varphi=\frac{\pi}{3}$; nous aurons

$$0=\left(1-\frac{1}{2}-\frac{2}{3}\right)-\left(\frac{1}{4}-\frac{1}{5}-\frac{2}{6}\right)+\left(\frac{1}{7}-\frac{1}{8}-\frac{2}{9}\right)+\ldots, \qquad (12)$$

$$\frac{2\pi}{3\sqrt3}=\left(1+\frac{1}{2}\right)-\left(\frac{1}{4}+\frac{1}{5}\right)+\left(\frac{1}{7}+\frac{1}{8}\right)-\left(\frac{1}{10}+\frac{1}{11}\right)+\ldots, \qquad (13)$$

$$l3=\left(1+\frac{1}{2}-\frac{2}{3}\right)+\left(\frac{1}{4}+\frac{1}{5}-\frac{2}{6}\right)+\left(\frac{1}{7}+\frac{1}{8}-\frac{2}{9}\right)+\ldots, \qquad (14)$$

$$\frac{\pi}{3\sqrt3}=\left(1-\frac{1}{2}\right)+\left(\frac{1}{4}-\frac{1}{5}\right)+\left(\frac{1}{7}-\frac{1}{8}\right)+\left(\frac{1}{10}-\frac{1}{11}\right)+\ldots, \qquad (15)$$

$$\frac{1}{2}l3=\left(1-\frac{2}{3}+\frac{1}{5}\right)+\left(\frac{1}{7}-\frac{2}{9}+\frac{1}{11}\right)+\left(\frac{1}{13}-\frac{2}{15}+\frac{1}{17}\right)+\ldots, \qquad (16)$$

$$\frac{\pi}{2\sqrt3}=\left(1-\frac{1}{5}\right)+\left(\frac{1}{7}-\frac{1}{11}\right)+\left(\frac{1}{13}-\frac{1}{17}\right)+\ldots \qquad (17)$$

(*) Ces relations, auxquelles on peut parvenir de bien des manières, sont extraites du Mémoire de M. Lobatto, déjà cité.

(**) Toutes ces formules, et celles que nous en déduisons, supposent $\varphi>0$ et $\varphi<\frac{\pi}{2}$. Si l'on ne faisait pas ces restrictions, on pourrait trouver des résultats complétement faux. Par exemple, lorsque $\varphi=0$, les formules (7) et (19) donnent $\pi=0$.

V. Si l'on suppose $\varphi = \frac{\pi}{6}$, on obtient

$$l(2+\sqrt{3}) = \sqrt{3}\left[\left(1-\frac{1}{5}\right)-\left(\frac{1}{7}-\frac{1}{11}\right)+\left(\frac{1}{13}-\frac{1}{17}\right)-\left(\frac{1}{19}-\frac{1}{23}\right)+\ldots\right], \quad (18)$$

$$\frac{5}{3}\pi = \sqrt{3}\left[\left(1+\frac{1}{2}\right)-\left(\frac{1}{4}+\frac{1}{5}\right)+\left(\frac{1}{7}+\frac{1}{8}\right)-\ldots\right]$$
$$+2\left[\left(1+\frac{2}{3}+\frac{1}{5}\right)-\left(\frac{1}{7}+\frac{2}{9}+\frac{1}{11}\right)+\left(\frac{1}{13}+\frac{2}{15}+\frac{1}{17}\right)-\ldots\right], \quad (19)$$

$$-\frac{1}{3}\pi = \sqrt{3}\left[\left(1+\frac{1}{2}\right)-\left(\frac{1}{4}+\frac{1}{5}\right)+\left(\frac{1}{7}+\frac{1}{8}\right)-\ldots\right]$$
$$-2\left[\left(1+\frac{2}{3}+\frac{1}{5}\right)-\left(\frac{1}{7}+\frac{2}{9}+\frac{1}{11}\right)+\left(\frac{1}{12}+\frac{2}{15}+\frac{1}{17}\right)-\ldots\right], \quad (20)$$

$$\frac{\pi}{2} = \left(1+\frac{2}{3}+\frac{1}{5}\right)-\left(\frac{1}{7}+\frac{2}{9}+\frac{1}{11}\right)+\left(\frac{1}{13}+\frac{2}{15}+\frac{1}{17}\right)-\ldots \quad (21)$$

VI. Enfin, l'hypothèse de $\varphi = \frac{\pi}{4}$ conduit à

$$l(\sqrt{2}+1) = \sqrt{2}\left[\left(1-\frac{1}{3}\right)-\left(\frac{1}{5}-\frac{1}{7}\right)+\left(\frac{1}{9}-\frac{1}{11}\right)-\ldots\right], \quad (22)$$

$$\frac{\pi}{2} = \sqrt{2}\left[\left(1+\frac{1}{3}\right)-\left(\frac{1}{5}+\frac{1}{7}\right)+\left(\frac{1}{9}+\frac{1}{11}\right)-\ldots\right](^{*}). \quad (23)$$

181. Problème XXII. *Sommer la série*

$$s = \sin\varphi - \frac{1}{3^2}\sin 3\varphi + \frac{1}{5^2}\sin 5\varphi - \ldots \quad (24)$$

Solution. On a

$$\frac{ds}{d\varphi} = \cos\varphi - \frac{1}{3}\cos 3\varphi + \frac{1}{5}\cos 5\varphi - \ldots;$$

c'est-à-dire, par la formule (10),

$$\frac{ds}{d\varphi} = \frac{\pi}{4},$$

et

$$\frac{\pi}{4}\varphi = \sin\varphi - \frac{1}{3^2}\sin 3\varphi + \frac{1}{5^2}\sin 5\varphi - \frac{1}{7^2}\sin 7\varphi + \ldots \quad (25)$$

(^{*}) Parmi ces formules (trouvées par Euler, Legendre, Poisson, Fourier, etc.), les plus importantes me paraissent être (7), (9), (10), qui donnent une *infinité de développements* de π.

182. *Remarques.* I. Si l'on suppose $\varphi = \dfrac{\pi}{2}$, on obtient

$$\frac{\pi^2}{8} = 1 + \frac{1}{3^2} + \frac{1}{5^2} + \frac{1}{7^2} + \ldots + \frac{1}{(2n-1)^2} + \ldots \qquad (26)$$

Ainsi, *la somme des inverses des carrés des nombres impairs est égale à* $\dfrac{\pi^2}{8}$.

II. Il est facile de conclure, de ce théorème, la somme des inverses des carrés de tous les nombres entiers. En effet, soient

$$S_i = 1 + \frac{1}{3^2} + \frac{1}{5^2} + \frac{1}{7^2} + \ldots,$$
$$S_p = \frac{1}{2^2} + \frac{1}{4^2} + \frac{1}{6^2} + \frac{1}{8^2} + \ldots,$$
$$S = 1 + \frac{1}{2^2} + \frac{1}{3^2} + \frac{1}{4^2} + \frac{1}{5^2} + \ldots ;$$

on aura

$$S = S_i + S_p, \quad S_p = \frac{1}{2^2}\left(1 + \frac{1}{2^2} + \frac{1}{3^2} + \ldots\right) = \frac{1}{4}S ;$$

donc

$$S = \frac{3}{4}S_i ,$$

ou enfin

$$\frac{\pi^2}{6} = 1 + \frac{1}{2^2} + \frac{1}{3^2} + \frac{1}{4^2} + \frac{1}{5^2} + \ldots \qquad (27)$$

III. La formule (7) donne, par un procédé semblable au précédent,

$$\frac{\pi^2}{6} - \frac{\pi}{2}\varphi + \frac{1}{4}\varphi^2 = \cos\varphi + \frac{1}{2^2}\cos 2\varphi + \frac{1}{3^2}\cos 3\varphi + \ldots \qquad (28)$$

185. Problème XXIII. *Sommer les séries*

$$\left.\begin{aligned}
y_1 &= \cos\varphi + x\cos 2\varphi + x^2\cos 3\varphi + \ldots \; (*), \\
z_1 &= \sin\varphi + x\sin 2\varphi + x^2\sin 3\varphi + \ldots,
\end{aligned}\right\} \qquad (29)$$

Solution. Si l'on compare ces deux séries à celles dont la sommation constituait le Problème XXI, il est clair que

$$y_1 = y', \quad z_1 = z',$$

(*) Cette sommation a été donnée, d'une autre manière, dans le chapitre **V** (131).

ou, à cause des formules (5) :

$$y_1 = \frac{\cos\varphi - x}{1 - 2x\cos\varphi + x^2}, \qquad z_1 = \frac{\sin\varphi}{1 - 2x\cos\varphi + x^2}. \tag{30}$$

184. *Remarques.* I. Pour que les séries (29) soient convergentes, **x** *doit être compris entre* —1 *et* +1, *exclusivement.*

II. Des formules (30), on tire

$$\frac{y_1}{z_1} = \frac{\cos\varphi - x}{\sin\varphi}, \qquad y_1^2 + z_1^2 = \frac{1}{1 - 2x\cos\varphi + x^2}. \tag{31}$$

185. Problème XXIV. *Sommer les séries*

$$y_2 = x\sin^2\varphi + \frac{x^2}{2}\sin^2 2\varphi + \frac{x^3}{3}\sin^2 3\varphi + \ldots,$$

$$z_2 = x\cos^2\varphi + \frac{x^2}{2}\cos^2 2\varphi + \frac{x^3}{3}\cos^2 3\varphi + \ldots$$

Solution. La sommation de ces deux séries dépend encore des valeurs de y et de z (Probl. XXI). En effet,

$$y_2 + z_2 = x + \frac{x^2}{2} + \frac{x^3}{3} + \quad\ldots\ldots\quad = -l(1-x),$$

$$z_2 - y_2 = x\cos 2\varphi + \frac{x^2}{2}\cos 4\varphi + \frac{x^3}{3}\cos 6\varphi + \ldots = -\frac{1}{2}l(1 - 2x\cos 2\varphi + x^2);$$

donc

$$y_2 = \frac{1}{4}\, l\, \frac{1 - 2x\cos 2\varphi + x^2}{(1-x)^2}. \tag{G}$$

$$z_2 = -\frac{1}{4}\, l\,[(1 - 2x\cos 2\varphi + x^2)(1-x)^2]. \tag{H}$$

186. Les formules (G), (H), traitées comme celles du n° 180, conduisent à quelques conséquences remarquables, parmi lesquelles nous indiquerons seulement les suivantes, laissant au lecteur le soin de les démontrer :

$$x\sin^2\varphi + \frac{x^3}{3}\sin^2 3\varphi + \frac{x^5}{5}\sin^2 5\varphi + \ldots = \frac{1}{8}\, l\left[\left(\frac{1+x}{1-x}\right)^2\frac{1 - 2x\cos 2\varphi + x^2}{1 + 2x\cos 2\varphi + x^2}\right],$$

$$x\cos^2\varphi + \frac{x^3}{3}\cos^2 3\varphi + \frac{x^5}{5}\cos^2 5\varphi + \ldots = \frac{1}{8}\, l\left[\left(\frac{1+x}{1-x}\right)^2\frac{1 + 2x\cos 2\varphi + x^2}{1 - 2x\cos 2\varphi + x^2}\right],$$

$$x\sin^2\varphi - \frac{x^3}{3}\sin^2 3\varphi + \frac{x^5}{5}\sin^2 5\varphi - \ldots = \frac{1}{4}\operatorname{arc\,tg}\frac{4x(1-x^2)\sin^2\varphi}{(1-x^2)^2 + 4x^2\cos 2\varphi},$$

$$x\cos^2\varphi - \frac{x^3}{3}\cos^2 3\varphi + \frac{x^5}{5}\cos^2 5\varphi - \ldots = \frac{1}{4}\operatorname{arc\,tg}\frac{4x(1-x^2)\cos^2\varphi}{(1-x^2)^2 - 4x^2\cos 2\varphi},$$

$$\sin^2\varphi - \frac{1}{2}\sin^2 2\varphi + \frac{1}{3}\sin^2 3\varphi - \ldots = -\frac{1}{2}l\cos\varphi,$$

$$\cos^2\varphi - \frac{1}{2}\cos^2 2\varphi + \frac{1}{3}\cos^2 3\varphi - \ldots = \frac{1}{2}l(4\cos\varphi),$$

$$\sin^2\varphi - \frac{1}{3}\sin^2 3\varphi + \frac{1}{3}\sin^2 5\varphi + \ldots = \frac{\pi}{4},$$

$$\cos^2\varphi - \frac{1}{3}\cos^2 3\varphi + \frac{1}{5}\cos^2 5\varphi - \ldots = \frac{\pi}{4}\ (^*).$$

187. PROBLÈME XXV. *Sommer les séries*

$$y_3 = \frac{\sin\varphi}{1+a^2} + 2\frac{\sin 2\varphi}{4+a^2} + 3\frac{\sin 3\varphi}{9+a^2} + \ldots, \qquad (32)$$

$$z_3 = \frac{\sin\varphi}{1+a^2} - 2\frac{\sin 2\varphi}{4+a^2} + 3\frac{\sin 3\varphi}{9+a^2} - \ldots \qquad (33)$$

Solution. On a trouvé, ci-dessus :

$$\frac{\pi}{2} - \frac{1}{2}\varphi = \sin\varphi + \frac{1}{2}\sin 2\varphi + \frac{1}{3}\sin 3\varphi + \ldots, \qquad (7)$$

$$\frac{1}{2}\varphi = \sin\varphi - \frac{1}{2}\sin 2\varphi + \frac{1}{3}\sin 3\varphi - \ldots \qquad (13)$$

Par conséquent,

$$\frac{\pi}{2} - \frac{\varphi}{2} - y_3 = a^2\left\{ \frac{\sin\varphi}{1+a} + \frac{\sin 2\varphi}{2(4+a^2)} + \frac{\sin 3\varphi}{3(9+a^2)} + \ldots \right\},$$

$$\frac{1}{2}\varphi - z_3 = a^2\left\{ \frac{\sin\varphi}{1+a^2} - \frac{\sin 2\varphi}{2(4+a^2)} + \frac{\sin 3\varphi}{3(9+a^2)} - \ldots \right\},$$

On tire, de ces deux équations,

$$y''_3 = a^2\left\{ \frac{\sin\varphi}{1+a^2} + 2\frac{\sin 2\varphi}{4+a^2} + 3\frac{\sin 3\varphi}{9+a^2} + \ldots \right\},$$

$$z''_3 = a^2\left\{ \frac{\sin\varphi}{1+a^2} - 2\frac{\sin 2\varphi}{4+a^2} + 3\frac{\sin 3\varphi}{9+a^2} - \ldots \right\};$$

c'est-à-dire

$$y''_3 = a^2 y_3, \quad z''_3 = a^2 z_3.$$

Les *intégrales générales* de ces deux *équations du second ordre* sont

$$y_3 = Ae^{a\varphi} + Be^{-a\varphi}, \quad z_3 = Ce^{a\varphi} + De^{-a\varphi},$$

A, B, C, D étant des constantes, qu'il s'agit de déterminer.

Or, si l'on multiplie les deux membres de l'équation (32), succes-

---

(*) Toutes ces formules sont tirées du Mémoire de M. Lobatto.

sivement par $\sin\varphi\, d\varphi$ et $\sin 2\varphi\, d\varphi$, puis qu'on intègre entre 0 et π, on trouve :

$$\int_0^\pi y_3 \sin\varphi\, d\varphi = \frac{\pi}{2}\,\frac{1}{1+a^2}, \qquad \int_0^\pi y_3 \sin 2\varphi\, d\varphi = \frac{\pi}{2}\,\frac{2}{4+a^2} \quad (^*).$$

Ainsi

$$\mathrm{A}\int_0^\pi e^{a\varphi}\sin\varphi\, d\varphi + \mathrm{B}\int_0^\pi e^{-a\varphi}\sin\varphi\, d\varphi = \frac{\pi}{2}\,\frac{1}{1+a^2},$$

$$\mathrm{A}\int_0^\pi e^{a\varphi}\sin 2\varphi\, d\varphi + \mathrm{B}\int_0^\pi e^{-a\varphi}\sin 2\varphi\, d\varphi = \frac{\pi}{2}\,\frac{4}{4+a^2}.$$

L'intégration par parties (130) donne aisément

$$\int_0^\pi e^{a\varphi}\sin\varphi\, d\varphi = \frac{e^{a\pi}+1}{1+a^2}, \qquad \int_0^\pi e^{-a\varphi}\sin\varphi\, d\varphi = \frac{e^{-a\pi}+1}{1+a^2},$$

$$\int_0^\pi e^{a\varphi}\sin 2\varphi\, d\varphi = -\frac{2(e^{a\pi}-1)}{4+a^2}, \qquad \int_0^\pi e^{-a\varphi}\sin 2\varphi\, d\varphi = -\frac{2(e^{-a\pi}-1)}{4+a^2} \quad (^{**});$$

donc

$$\mathrm{A}(e^{a\pi}+1)+\mathrm{B}(e^{-a\pi}+1)=\frac{\pi}{2}, \quad \mathrm{A}(e^{a\pi}-1)+\mathrm{B}(e^{-a\pi}-1)=-\frac{\pi}{2};$$

ou

$$\mathrm{A}e^{a\pi}+\mathrm{B}e^{-a\pi}=0, \quad \mathrm{A}+\mathrm{B}=\frac{\pi}{2},$$

(*) En général, si une fonction $f(x)$ est développable de la manière suivante :

$$f(x)=\mathrm{A}_1\sin x+\mathrm{A}_2\sin 2x+\mathrm{A}_3\sin 3x+\ldots+\mathrm{A}_n\sin nx+\ldots,$$

on a
$$\mathrm{A}_n=\frac{2}{\pi}\int_0^\pi f(x)\sin nx\, dx.$$

En effet, un terme quelconque, autre que $\mathrm{A}_n\sin nx$, donne l'intégrale

$$\mathrm{A}_p\int_0^\pi \sin px\sin nx\, dx=\frac{1}{2}\mathrm{A}_p\int_0^\pi [\cos(p-n)x+\cos(p+n)x]\, dx=\frac{1}{2}\mathrm{A}_p\left[\frac{\sin(p-n)x}{p-n}+\frac{\sin(p+n)x}{p+n}\right]=0;$$

en sorte que toutes les intégrales sont nulles, excepté

$$\mathrm{A}_n\int_0^\pi \sin^2 nx\, dx=\frac{1}{2}\mathrm{A}_n\int_0^\pi (1-\cos 2nx)\, dx=\frac{\pi}{2}\mathrm{A}_n.$$

La même méthode est applicable aux séries qui procèdent suivant les cosinus des multiples d'un arc x.

(**) Par exemple,

$$\int e^{a\varphi}\sin\varphi\, d\varphi=-e^{a\varphi}\cos\varphi+a\int e^{a\varphi}\cos\varphi\, d\varphi=-e^{a\varphi}\cos\varphi+a[e^{a\varphi}\sin\varphi-a\int e^{a\varphi}\sin\varphi\, d\varphi];$$

donc
$$\int_0^\pi e^{a\varphi}\sin\varphi\, d\varphi=\frac{1}{1+a^2}[e^{a\pi}+1]; \text{ etc,}$$

et enfin

$$A = -\frac{\pi}{2}\frac{e^{-a\pi}}{e^{a\pi}-e^{-a\pi}}, \qquad B = \frac{\pi}{2}\frac{e^{a\pi}}{e^{a\pi}-e^{-a\pi}}.$$

On trouve, de la même manière,

$$C = \frac{\pi}{2}\frac{1}{e^{a\pi}-e^{-a\pi}}, \qquad D = -\frac{\pi}{2}\frac{1}{e^{a\pi}-e^{-a\pi}}.$$

Les valeurs de y_3 et de z_3 sont donc

$$y_3 = \frac{\pi}{2}\frac{e^{a(\pi-\varphi)}-e^{-a(\pi-\varphi)}}{e^{a\pi}-e^{-a\pi}}, \qquad z_3 = \frac{\pi}{2}\frac{e^{a\varphi}-e^{-a\varphi}}{e^{a\pi}-e^{-a\pi}};$$

de sorte que

$$\frac{\sin\varphi}{1+a^2}+2\frac{\sin 2\varphi}{4+a^2}+3\frac{\sin 3\varphi}{9+a^2}+4\frac{\sin 4\varphi}{16+a^2}+\ldots = \frac{\pi}{2}\frac{e^{a(\varphi-\pi)}-e^{-a(\pi-\varphi)}}{e^{a\pi}-e^{a\pi}}, \quad (34)$$

$$\frac{\sin\varphi}{1+a^2}-2\frac{\sin 2\varphi}{4+a^2}+3\frac{\sin 3\varphi}{9+a^2}-4\frac{\sin 4\varphi}{16+a^2}-\ldots = \frac{\pi}{2}\frac{e^{a\varphi}-e^{-a\varphi}}{e^{a\pi}-e^{-a\pi}}. \quad (35)$$

188. *Remarques.* I. Ces deux formules (qui rentrent l'une dans l'autre) subsistent pour toutes les valeurs de φ comprises entre 0 et π : la première est en défaut pour $\varphi = 0$, et la seconde, pour $\varphi = \pi$.

II. Si l'on y change φ en $\frac{\pi}{2}-\varphi$, on obtient

$$\frac{\cos\varphi}{1+a^2}+2\frac{\sin 2\varphi}{4+a^2}-3\frac{\cos 3\varphi}{9+a^2}-4\frac{\sin 4\varphi}{16+a^2}+\ldots = \frac{\pi}{2}\frac{e^{a\left(\frac{\pi}{2}+\varphi\right)}-e^{-a\left(\frac{\pi}{2}+\varphi\right)}}{e^{a\pi}-e^{-a\pi}},$$

$$\frac{\cos\varphi}{1+a^2}-2\frac{\sin 2\varphi}{4+a^2}-3\frac{\cos 3\varphi}{9+a^2}+4\frac{\sin 4\varphi}{16+a^2}+\ldots = \frac{\pi}{2}\frac{e^{a\left(\frac{\pi}{2}-\varphi\right)}-e^{-a\left(\frac{\pi}{2}-\varphi\right)}}{e^{a\pi}-e^{-a\pi}};$$

ou, plus simplement,

$$\frac{\cos\varphi}{1+a^2}-3\frac{\cos 3\varphi}{9+a^2}+5\frac{\cos 5\varphi}{25+a^2}-\ldots = \frac{\pi}{4}\frac{e^{a\varphi}+e^{-a\varphi}}{e^{a\frac{\pi}{2}}+e^{-a\frac{\pi}{2}}}, \quad (36)$$

$$2\frac{\sin 2\varphi}{4+a^2}-4\frac{\sin 4\varphi}{16+a^2}+6\frac{\sin 6\varphi}{36+a^2}-\ldots = \frac{\pi}{4}\frac{e^{a\varphi}-e^{-a\varphi}}{e^{a\frac{\pi}{2}}-e^{-a\frac{\pi}{2}}}\;(^*). \quad (37)$$

III. Les relations (34), (35), (36), (37) en donnent un grand nombre d'autres, analogues à celles que l'on a trouvées dans les n⁰ˢ 180 et suivants. Par exemple,

---

(*) Celle-ci rentre dans l'équation (35).

$$\frac{1}{1+a^2} - \frac{3}{9+a^2} + \frac{5}{25+a^2} - \ldots \ldots = \frac{\pi}{2} \frac{1}{e^{a\frac{\pi}{2}} + e^{-a\frac{\pi}{2}}}, \qquad (38)$$

$$\frac{1}{1+a^2} + \frac{3}{9+a^2} - \frac{5}{25+a^2} - \frac{7}{49+a^2} + \ldots = \frac{\pi}{4}\sqrt{2}\, \frac{e^{a\frac{\pi}{4}} + e^{-a\frac{\pi}{4}}}{e^{a\frac{\pi}{2}} + e^{-a\frac{\pi}{2}}}. \qquad (39)$$

IV. Si l'on change a en $a\sqrt{-1}$ dans les formules précédentes, on obtient

$$\frac{\sin\varphi}{1-a^2} + 2\frac{\sin 2\varphi}{4-a^2} + 3\frac{\sin 3\varphi}{9-a^2} + \ldots = \frac{\pi}{2}\frac{\sin a(\pi-\varphi)}{\sin a\pi}, \qquad (40)$$

$$\frac{\sin\varphi}{1-a^2} - 2\frac{\sin 2\varphi}{4-a^2} + 3\frac{\sin 3\varphi}{9-a^2} + \ldots = \frac{\pi}{2}\frac{\sin a\varphi}{\sin a\pi}, \qquad (41)$$

$$\frac{\cos\varphi}{1-a^2} - 3\frac{\cos 3\varphi}{9-a^2} + 5\frac{\cos 5\varphi}{25-a^2} + \ldots = \frac{\pi}{4}\frac{\cos a\varphi}{\cos a\frac{\pi}{2}}, \qquad (42)$$

$$\frac{1}{1-a^2} - \frac{3}{9-a^2} + \frac{5}{25-a^2} - \ldots = \frac{\pi}{4\cos a\frac{\pi}{2}}, \qquad (43)$$

$$\frac{1}{1-a^2} + \frac{3}{9-a^2} - \frac{5}{25-a^2} - \frac{7}{49-a^2} + \ldots = \frac{\pi}{4}\sqrt{2}\,\frac{\cos a\frac{\pi}{4}}{\cos a\frac{\pi}{2}}. \qquad (44)$$

V. Les formules (43), (44) peuvent évidemment servir à calculer le rapport de la circonférence au diamètre. Elles donnent, par exemple,

$$\frac{\pi}{18} = \frac{1}{1.5} - \frac{3}{7.11} + \frac{5}{13.17} - \frac{7}{19.23} + \ldots, \qquad (45)$$

$$\frac{\pi\sqrt{6}}{72} = \frac{1}{1.5} + \frac{3}{7.11} - \frac{5}{13.17} - \frac{7}{19.23} + \ldots \qquad (46)$$

VI. L'équation (43) peut être mise sous la forme :

$$\frac{1}{1-a} + \frac{1}{1+a} - \frac{1}{3-a} - \frac{1}{3+a} + \frac{1}{5+a} - \ldots = \frac{\frac{\pi}{2}}{\cos a\frac{\pi}{2}}.$$

Si l'on prend les fonctions primitives, on a donc

$$l\frac{1+a}{1-a} - l\frac{3+a}{3-a} + l\frac{5+a}{5-a} - l\frac{7+a}{7-a} + \ldots = l\cot(1-a)\frac{\pi}{4} \;(^*),$$

(*) On n'ajoute pas de constante, parce que les deux membres s'annulent avec a.

ou

$$\cot(1-a)\frac{\pi}{4} = \frac{1+a}{1-a} \cdot \frac{3-a}{3+a} \cdot \frac{5+a}{5-a} \cdot \frac{7-a}{7+a} \cdots \tag{47}$$

On a ainsi le développement, en *produit indéfini*, de la fonction $\cot(1-a)\frac{\pi}{4}$. Par exemple,

$$\cot\frac{\pi}{6} = \sqrt{3} = \frac{3}{2} \cdot \frac{4}{5} \cdot \frac{8}{7} \cdot \frac{10}{11} \cdot \frac{14}{13} \cdots \tag{48}$$

VII. De même, si, après avoir mis l'équation (44) sous la forme

$$\frac{1}{1-a} + \frac{1}{1+a} + \frac{1}{3-a} + \frac{1}{3+a} - \frac{1}{5-a} - \frac{1}{5+a} - \cdots = \frac{\frac{\pi}{4}\sqrt{2}\cos a\frac{\pi}{4}}{1-\sqrt{2}\sin a\frac{\pi}{4}} + \frac{\frac{\pi}{4}\sqrt{2}\cos a\frac{\pi}{4}}{1+\sqrt{2}\sin a\frac{\pi}{4}},$$

on prend les fonctions primitives des deux membres, on trouve aisément

$$\frac{\operatorname{tg}(1+a)\frac{\pi}{8}}{\operatorname{tg}(1-a)\frac{\pi}{8}} = \frac{1+a}{1-a} \cdot \frac{3+a}{3-a} \cdot \frac{5-a}{5+a} \cdot \frac{7-a}{7+a} \cdot \frac{9+a}{9-a} \cdot \frac{11+a}{11-a} \cdot \frac{13-a}{13+a} \cdots ; \tag{49}$$

relation d'où l'on en pourrait tirer d'autres.

VIII. Si, après avoir multiplié par $1-a$ les deux membres de l'équation (47), on suppose $a=1$, on trouve la *formule de Wallis* :

$$\frac{\pi}{2} = \frac{2}{1} \cdot \frac{2}{3} \cdot \frac{4}{3} \cdot \frac{4}{5} \cdot \frac{6}{5} \cdot \frac{6}{7} \cdot \frac{8}{7} \cdot \frac{8}{9} \cdots \tag{50}$$

IX. Reprenons les équations

$$\frac{\pi}{2} - \frac{\varphi}{2} - y_3 = a^2\left\{ \frac{\sin\varphi}{1+a^2} + \frac{\sin 2\varphi}{2(4+a^2)} + \frac{\sin 3\varphi}{3(9+a^2)} + \cdots \right\},$$
$$\frac{\varphi}{2} - z_3 = a^2\left\{ \frac{\sin\varphi}{1+a^2} - \frac{\sin 2\varphi}{2(4+a^2)} + \frac{\sin 3\varphi}{3(9+a^2)} - \cdots \right\},$$

trouvées dans le n° 187. Si l'on a égard aux valeurs de y_3 et de z_3, on en déduit :

$$\frac{\sin\varphi}{1+a^2} + \frac{\sin 2\varphi}{2(4+a^2)} + \frac{\sin 3\varphi}{3(9+a^2)} + \cdots = \frac{1}{2a^2}\left[\pi\left(1 - \frac{e^{a(\pi-\varphi)} - e^{-a(\pi-\varphi)}}{e^{a\pi} - e^{-a\pi}}\right) - \varphi \right], \tag{51}$$
$$\frac{\sin\varphi}{1+a^2} - \frac{\sin 2\varphi}{2(4+a^2)} + \frac{\sin 3\varphi}{3(9+a^2)} + \cdots = \frac{1}{2a^2}\left[\varphi - \pi\frac{e^{a\varphi} - e^{-a\varphi}}{e^{a\pi} - e^{-a\pi}} \right]. \tag{52}$$

Ces nouvelles relations, analogues aux formules (34) et (35), donnent :

1° En supposant $\varphi = \dfrac{\pi}{2}$:

$$\frac{1}{1+a^2} - \frac{1}{3(9+a^2)} + \frac{1}{5(25+a^2)} - \ldots = \frac{\pi}{4a^2} \frac{\left(e^{a\frac{\pi}{4}} - e^{-a\frac{\pi}{4}} \right)^2}{e^{a\frac{\pi}{2}} + e^{-a\frac{\pi}{2}}} ; \qquad (53)$$

2° En supposant $a = 0$:

$$\frac{\sin\varphi}{1^3} + \frac{\sin 2\varphi}{2^3} + \frac{\sin 3\varphi}{3^3} + \ldots = \frac{1}{12}\varphi(\pi-\varphi)(2\pi-\varphi); \qquad (54)$$

3° Enfin, pour $a = 0$ et $\varphi = \dfrac{\pi}{2}$:

$$\frac{1}{1^3} - \frac{1}{3^3} + \frac{1}{5^3} - \frac{1}{7^3} + \ldots = \frac{\pi^3}{32}\,(^*). \qquad (55)$$

189. Problème XXVI. *Sommer les séries*

$$\frac{\cos\varphi}{1+a^2} + \frac{\cos 2\varphi}{4+a^2} + \frac{\cos 3\varphi}{9+a^2} + \ldots$$

$$\frac{\cos\varphi}{1+a^2} - \frac{\cos 2\varphi}{4+a^2} + \frac{\cos 3\varphi}{9+a^2} - \ldots$$

Solution. On tire, des équations (51), (52), en prenant les dérivées :

$$\frac{\cos\varphi}{1+a^2} + \frac{\cos 2\varphi}{4+a^2} + \frac{\cos 3\varphi}{9+a^2} + \ldots = \frac{1}{2a^2}\left[a\pi \frac{e^{a(\pi-\varphi)} + e^{-a(\pi-\varphi)}}{e^{a\pi} - e^{-a\pi}} - 1 \right], \quad (56)$$

$$\frac{\cos\varphi}{1+a^2} - \frac{\cos 2\varphi}{4+a^2} + \frac{\cos 3\varphi}{9+a^2} - \ldots = \frac{1}{2a^2}\left[1 - a\pi \frac{e^{a\varphi} + e^{-a\varphi}}{e^{a\pi} - e^{-a\pi}} \right]. \quad (57)$$

190. *Remarques.* I. En opérant comme nous l'avons fait ci-dessus, on conclut, de ces deux équations, les formules suivantes :

$$\frac{1}{1+a^2} + \frac{1}{4+a^2} + \frac{1}{9+a^2} + \ldots = \frac{1}{2a^2}\left[a\pi \frac{e^{a\pi} + e^{-a\pi}}{e^{a\pi} - e^{-a\pi}} - 1 \right], \quad (58)$$

$$\frac{1}{1+a^2} - \frac{1}{4+a^2} + \frac{1}{9+a^2} - \ldots = \frac{1}{2a^2}\left[1 - \frac{2a\pi}{e^{a\pi} - e^{-a\pi}} \right], \quad (59)$$

$$\frac{\cos\varphi}{1^2} + \frac{\cos 2\varphi}{2^2} + \frac{\cos 3\varphi}{3^2} + \ldots = \frac{1}{4}(\pi-\varphi)^2 - \frac{1}{12}\pi^2, \quad (60)$$

$$\frac{\cos\varphi}{1^2} - \frac{\cos 2\varphi}{2^2} + \frac{\cos 3\varphi}{3^2} - \ldots = \frac{\pi^2}{12} - \frac{\varphi^2}{4}, \quad (61)$$

(*) Ce résultat, dit Lacroix, est assez remarquable, quand on le compare à l'expression

$$\frac{1}{1} - \frac{1}{3} + \frac{1}{5} - \frac{1}{7} - \ldots = \frac{\pi}{4}.$$

$$\frac{\cos\varphi}{1.3}+\frac{\cos 2\varphi}{3.5}+\frac{\cos 5\varphi}{5.7}+\ldots.=\frac{1}{2}-\frac{1}{4}\pi\sin\frac{1}{2}\varphi \;(^*),\qquad (62)$$

$$\frac{1}{1-a^2}+\frac{1}{4-a^2}+\frac{1}{9-a^2}+\ldots.=\frac{1}{2a^2}\left[1-a\pi\cot a\pi\right],\qquad (63)$$

$$\frac{1}{1-a^2}-\frac{1}{4-a^2}+\frac{1}{9-a^2}-\ldots.=\frac{1}{2a^2}\left[\frac{a\pi}{\sin a\pi}-1\right],\qquad (64)$$

$$\sin a\pi=a\pi\left(1-a^2\right)\left(1-\frac{a^2}{4}\right)\left(1-\frac{a^2}{9}\right)\ldots.,\qquad (65)$$

$$\operatorname{tg}\frac{1}{2}a\pi=\frac{\pi}{2}\,\frac{a}{1-a^2}\,\frac{1-\dfrac{a^2}{4}}{1-\dfrac{a^2}{9}}\,\frac{1-\dfrac{a^2}{16}}{1-\dfrac{a^2}{25}}\cdot\frac{1-\dfrac{a^2}{36}}{1-\dfrac{a^2}{49}}\ldots.\qquad (66)$$

$$\cos a\pi=\left(1-4a^2\right)\left(1-\frac{4a^2}{9}\right)\left(1-\frac{4a^2}{25}\right)\ldots.;\qquad (67)$$

etc. $(^{**})$.

II. Si, après avoir développé, suivant les puissances de a, les deux membres de l'équation (65), on identifie les deux développements, on trouve

$$P_1=\frac{\pi^2}{6},\quad P_2=\frac{\pi^4}{120},\quad P_3=\frac{\pi^6}{5040},\quad\ldots\quad P_n=\frac{\pi^{2n}}{1.2.3\ldots.n},\quad\ldots$$

Dans ces relations, P_n représente *la somme des produits* n *à* n *des carrés des inverses des nombres naturels*. On voit que toutes ces sommes dépendent uniquement de la *transcendante* désignée par π $(^{***})$.

III. Semblablement, l'équation (67) donne

$$Q_1=\frac{\pi^2}{2.4},\quad Q_2=\frac{\pi^4}{24.4^2},\quad Q_3=\frac{\pi^6}{720.4^3},\quad\ldots\quad Q_n=\frac{\pi^{2n}}{1.2.3\ldots.2n.4^n};$$

Q_{2n} désignant *la somme des produits* n *à* n *des inverses des carrés des nombres impairs*.

(*) Cette série remarquable a été donnée par Fourier. On l'obtient en retranchant membre à membre les équations (56), (57), et en supposant $a=\sqrt{-1}$ dans l'équation résultante.

(**) Les développements du sinus et du cosinus, en produits indéfinis, ont été trouvés par Euler.

(***) La relation $P_1=\dfrac{\pi^2}{6}$, ou

$$\frac{1}{1}+\frac{1}{4}+\frac{1}{9}+\frac{1}{16}+\ldots.=\frac{\pi^2}{6},$$

a déjà été indiquée (182).

TROISIÈME MÉTHODE.

191. Cette méthode de sommation, la plus féconde de toutes, repose sur la théorie des intégrales définies. Elle peut être exposée ainsi :

Soit

$$s = u_1 + u_2 + \ldots + u_n + \ldots$$

la série convergente dont il s'agit de trouver la somme s. Si le terme général u_n est décomposable en deux facteurs v_n, w_n, dont l'un soit *égal à une intégrale définie connue* (*), de manière que

$$w_n = \int_\alpha^\beta f_n(x)\,dx \, ;$$

on aura

$$s = \int_\alpha^\beta dx \big[u_1 f_1(x) + u_2 f_2(x) + \ldots + u_n f_n(x) + \ldots \big].$$

Si donc l'on peut évaluer

$$\varphi(x) = u_1 f_1(x) + u_2 f_2(x) + \ldots + u_n f_n(x) + \ldots,$$

on aura enfin

$$s = \int_\alpha^\beta \varphi(x)\,dx.$$

Application.

192. PROBLÈME XXVII. *Déterminer*

$$s = \cos \varphi + \frac{1}{2} \cos 2\varphi + \frac{1}{3} \cos 3\varphi + \ldots + \frac{1}{n} \cos n\varphi + \ldots$$

Solution. A cause de

$$\int e^{-nx}dx = -\frac{1}{n} e^{-nx},$$

(*) **M.** Bierens de Haan vient de publier des *Tables d'intégrales définies*. Ce précieux recueil, composé de trois volumes in-quarto, donne les valeurs d'environ *six mille* intégrales définies.

on a

$$\frac{1}{n} = \int_0^\infty e^{-nx} dx.$$

Par conséquent,

$$s = \int_0^\infty e^{-x} dx \left[\cos \varphi + e^{-x} \cos 2\varphi + e^{-2x} \cos 3\varphi + \ldots \right].$$

Or, la série entre parenthèses a pour somme (183) :

$$\frac{\cos \varphi - e^{-x}}{1 - 2e^{-x} \cos \varphi + e^{-2x}} ;$$

donc

$$s = \int_0^\infty \frac{e^{-x} \cos \varphi - e^{-2x}}{1 - 2e^{-x} \cos \varphi + e^{-2x}} \, dx.$$

L'intégrale indéfinie est évidemment

$$+ \frac{1}{2} l \left(1 - 2e^{-x} \cos \varphi + e^{-2x} \right) ;$$

donc

$$s = \frac{1}{2} l (2 - 2 \cos \varphi),$$

ou

$$s = - l \left(2 \sin \frac{1}{2} \varphi \right) ;$$

comme on l'a trouvé ci-dessus (180, III).

QUATRIÈME MÉTHODE.

193. Elle repose sur ce théorème évident :

Soient

$$f(x) = a_1 \cos x + a_2 \cos 2x + \ldots + a_n \cos nx + \ldots,$$
$$\varphi(x) = b_1 \cos x + b_2 \cos 2x + \ldots + b_n \cos nx + \ldots$$

deux séries convergentes. Si l'on a égard aux relations

$$\int_0^\pi \cos nx \cos n'x \, dx = 0, \qquad \int_0^\pi \cos^2 nx \, dx = \frac{\pi}{2},$$

il en résulte

$$a_1 b_1 + a_2 b_2 + \ldots + a_n b_n + \ldots = \frac{2}{\pi} \int_0^\pi f(x)\, \varphi(x)\, dx \ (^*).$$

Applications.

194. PROBLÉME XXVIII. *Sommer la série*

$$s = \frac{1}{1^2.1.3} + \frac{1}{3^2.5.7} + \frac{1}{5^2.9.11} + \ldots$$

Solution. Nous avons trouvé, précédemment,

$$\frac{1}{8}\pi(\pi - 2x) = \frac{\cos x}{1^2} + \frac{\cos 3x}{3^2} + \frac{\cos 5x}{5^2} + \ldots,$$

$$\frac{1}{2} - \frac{1}{4}\pi \sin \frac{1}{2}x = \frac{\cos x}{1.3} + \frac{\cos 2x}{3.5} + \frac{\cos 3x}{5.7} + \ldots$$

Par conséquent,

$$s = \frac{2}{\pi} \int_0^\pi \frac{1}{8}\pi(\pi - 2x)\left(\frac{1}{2} - \frac{1}{4}\pi \sin \frac{1}{2}x\right) dx ;$$

ou

$$\frac{1}{1^2.1.3} + \frac{1}{3^2.5.7} + \frac{1}{5^2.9.11} - \ldots = \frac{1}{8}\pi(4 - \pi). \qquad (68)$$

195. PROBLÉME XXIX. *Sommer les deux séries*

$$y = \frac{1}{1^2.1.3} + \frac{1}{2^2.5.5} + \frac{1}{3^2.5.7} + \frac{1}{4^2.7.9} + \ldots,$$

$$z = \frac{1}{1^2.1.3} - \frac{1}{2^2.5.5} + \frac{1}{3^2.5.7} - \frac{1}{4^2.7.9} + \ldots$$

Solution. En partant des formules (60), (61), (62), on trouve

$$y = 2 - \frac{\pi^2}{6}, \quad z = \pi - 2 - \frac{\pi^2}{12}. \qquad (69)$$

(*) Ce théorème, énoncé d'une manière un peu différente, est connu sous le nom de *formule de Parseval*. Mais la démonstration donnée par ce géomètre est inadmissible ; car elle suppose l'emploi des deux séries

$$a_1 + a_2 t + a_3 t^2 + \ldots,$$
$$b_1 + b_2 t^{-1} + b_3 t^{-2} + \ldots ;$$

et, si l'une d'elles est convergente, l'autre est généralement divergente.

196. *Remarques.* I. Ainsi que cela devait être,

$$y + z = 2s.$$

II. Le lecteur s'assurera aisément que les formules (68) et (69) sont des conséquences de celles-ci :

$$\frac{\pi}{4} = 1 - \frac{1}{3} + \frac{1}{5} - \frac{1}{7} + \ldots\ldots,$$

$$\frac{\pi^2}{6} = \frac{1}{1^2} + \frac{1}{2^2} + \frac{1}{3^2} + \ldots\ldots,$$

$$\frac{\pi^2}{8} = \frac{1}{1^2} + \frac{1}{3^2} + \frac{1}{5^2} + \ldots\ldots,$$

$$2 = \frac{4}{1.3} + \frac{4}{3.5} + \frac{4}{5.7} + \ldots\ldots$$

CHAPITRE VII.

TRANSFORMATIONS DE SÉRIES.

197. Étant donnée une série convergente, on peut se proposer d'en déduire une ou plusieurs autres, plus convergentes que la première, et ayant même somme que celle-ci : c'est là ce qu'on appelle *augmenter la convergence d'une série* ('). On peut encore, quand on connaît le développement d'une fonction $f(x)$, remplacer la variable x par une autre variable t, ayant avec la première une relation donnée ; on obtient ainsi le développement d'une nouvelle fonction $\varphi(t)$, développement qu'il serait quelquefois assez difficile de trouver directement. Nous allons donner des exemples de ces deux espèces principales de transformations, en nous bornant, pour la première espèce, à une méthode connue sous le nom de *Hutton* (**), bien qu'elle appartienne à Euler (***).

TRANSFORMATIONS DE PREMIÈRE ESPÈCE.

198. Théorème. *Soit une série convergente*

$$s = u_1 - u_2 + u_3 - u_4 + \ldots \tag{1}$$

dont les termes, alternativement positifs et négatifs, décroissent indéfiniment. Si l'on fait

---

(') Non contents de résoudre ce problème, plusieurs géomètres ont prétendu *transformer certaines séries divergentes en séries convergentes*. Nous croyons que cet énoncé est un non-sens.

(**) *Tracts on mathematical and philosophical subjects*, t. 1, p. 176 (1812).

(***) Elle a été reproduite par M. Poncelet, dans son *Mémoire sur l'application de la méthode des moyennes*..... (*Journal de Crelle*, t. XIII.)

$$u_1 - u_2 = \Delta u_1 \,(^*), \qquad u_2 - u_3 = \Delta u_2, \qquad u_3 - u_4 = \Delta u_3, \qquad \dots$$
$$\Delta u_1 - \Delta u_2 = \Delta^2 u_1, \qquad \Delta u_2 - \Delta u_3 = \Delta^2 u_2, \qquad \Delta u_3 - \Delta u_4 = \Delta^2 u_3,$$

$$\cdots \cdots \cdots \cdots \cdots \cdots \cdots$$

et que l'on suppose

$$\Delta u_1 > \Delta u_2 > \Delta u_3 > \dots,$$
$$\Delta^2 u_1 > \Delta^2 u_2 > \Delta^2 u_3 > \dots,$$

$$\cdots \cdots \cdots \cdots \cdots$$

on aura

$$s = \frac{1}{2} u_1 + \frac{1}{4} \Delta u_1 + \frac{1}{8} \Delta^2 u_1 + \frac{1}{16} \Delta^3 u_1 + \frac{1}{32} \Delta^4 u_1 + \dots$$

Démonstration. On a, d'après l'équation (1) :

$$2s = u_1 + (u_1 - u_2) - (u_2 - u_3) + (u_3 - u_4) - \dots :$$

c'est-à-dire

$$2s = u_1 + \Delta u_1 - \Delta u_2 + \Delta u_3 - \Delta u_4 + \dots ; \qquad (2)$$

ainsi *les différences premières, prises alternativement avec le signe +
et avec le signe —, forment une série convergente.*

La transformation précédente, appliquée à l'équation (2), donne

$$4s = 2u_1 + \Delta u_1 + \Delta^2 u_1 - \Delta^2 u_2 + \Delta^3 u_3 - \dots, \qquad (3)$$

puis

$$8s = 4u_1 + 2\Delta u_1 + \Delta^2 u_1 + \Delta^3 u_1 - \Delta^3 u_2 + \Delta^3 u_3 - \dots, \qquad (4)$$
$$16s = 8u_1 + 4\Delta u_1 + 2\Delta^2 u_1 + \Delta^3 u_1 + \Delta^4 u_1 - \Delta^4 u_2 + \dots \qquad (5)$$

$$\cdots \cdots \cdots \cdots \cdots \cdots \cdots$$

Actuellement, en vertu des hypothèses précédentes et des équations (2), (3), (4), ..., on a

$$s > \frac{1}{2} u_1, \qquad s < \frac{1}{2} u_1 + \frac{1}{2} \Delta u_1,$$
$$s > \frac{1}{2} u_1 + \frac{1}{4} \Delta u_1, \qquad s < \frac{1}{4} u_1 + \frac{1}{4} \Delta u_1 + \frac{1}{4} \Delta^2 u_1,$$
$$s > \frac{1}{2} u_1 + \frac{1}{4} \Delta u_1 + \frac{1}{8} \Delta^2 u_1, \qquad s < \frac{1}{2} u_1 + \frac{1}{4} \Delta u_1 + \frac{1}{8} \Delta^2 u_1 + \frac{1}{8} \Delta^3 u_1,$$

$$\cdots \cdots \cdots \cdots \cdots \cdots \cdots \cdots$$

(*) Afin que toutes les différences soient positives, on fait les soustractions dans un ordre contraire à celui qui est généralement adopté.

et, en général,

$$\left.\begin{array}{l} s > \dfrac{1}{2}u_1 + \dfrac{1}{4}\Delta u_1 + \dfrac{1}{8}\Delta^2 u_1 + \ldots + \dfrac{1}{2^{n+1}}\Delta^n u_1, \\[2mm] s < \dfrac{1}{2}u_1 + \dfrac{1}{4}\Delta u_1 + \dfrac{1}{8}\Delta^2 u_1 + \ldots + \dfrac{1}{2^{n+1}}\Delta^n u_1 + \dfrac{1}{2^{n+1}}\Delta^{n+1} u_1 ; \end{array}\right\} \quad (B)$$

donc

$$s = \frac{1}{2}u_1 + \frac{1}{4}\Delta u_1 + \frac{1}{8}\Delta^2 u_1 + \frac{1}{16}\Delta^3 u_1 + \ldots \qquad (A)$$

199. *Remarque.* Quand on limite la série (A) au terme $\dfrac{1}{2^{n+1}}\Delta^n u_1$, l'erreur commise est moindre que $\dfrac{1}{2^{n+1}}\Delta^{n+1}u_1$.

Applications.

200. Problème XXX. *Transformer la série de Leibniz :*

$$\frac{\pi}{4} = 1 - \frac{1}{3} + \frac{1}{5} - \frac{1}{7} + \frac{1}{9} - \frac{1}{11} + \ldots \qquad (6)$$

en une autre qui soit plus convergente (*).

On trouve aisément

$$\Delta u_1 = \frac{1}{1.3}, \quad \Delta u_2 = \frac{2}{3.5}, \quad \Delta u_3 = \frac{2}{5.7}, \quad \Delta u_4 = \frac{2}{7.9}, \quad \ldots$$

$$\Delta^2 u_1 = \frac{2.4}{1.3.5}, \quad \Delta^2 u_2 = \frac{2.4}{3.5.7}, \quad \Delta^2 u_3 = \frac{2.4}{5.7.9}, \quad \ldots$$

$$\Delta^3 u_1 = \frac{2.4.6}{1.3.5.7}, \quad \Delta^3 u_2 = \frac{2.4.6}{3.5.7.9}, \quad \ldots$$

$$\Delta^4 u_1 = \frac{2.4.6.8}{1.3.5.7.9}, \quad \ldots$$

$$\ldots \ldots \ldots \ldots \ldots \ldots ;$$

donc

$$\frac{\pi}{2} = 1 + \frac{1}{3} + \frac{1.2}{3.5} + \frac{1.2.3}{3.5.7} + \frac{1.2.3.4}{3.5.7.9} + \ldots + \frac{1.2.3\ldots n}{3.5.7\ldots(2n+1)} + R, \quad (7)$$

avec

$$R < \frac{1.2.3\ldots(2n+2)}{3.5.7\ldots(2n+3)}.$$

(*) Dans le mémoire cité, **M.** Poncelet fait observer qu'on devrait prendre près de 50 000 termes de cette série, si l'on voulait calculer π avec cinq décimales.

201. *Remarques.* I. Le terme général de la série (7) est réductible à la forme $\dfrac{2^{n-1}}{P_n}$, P_n étant un nombre entier qui satisfait à la relation

$$P_n = \frac{2(2n+1)}{n} P_{n-1}.$$

De plus, $P_1 = 3$.

II. En admettant cette proposition (*), nous aurons, au lieu de la formule (7) :

$$\frac{\pi}{2} = 1 + \frac{1}{5} + \frac{2}{15} + \frac{4}{70} + \frac{8}{315} + \frac{16}{1386} + \ldots \qquad (8)$$

III. Si l'on cherche à sommer la série (7), on trouve qu'elle est égale à $2 \displaystyle\int_0^{\frac{\pi}{2}} \frac{\sin \alpha \, d\alpha}{2 - \sin^2 \alpha}$. Par conséquent,

$$\frac{\pi}{4} = \int_0^{\frac{\pi}{2}} \frac{\sin \alpha \, d\alpha}{2 - \sin^2 \alpha};$$

ce qui est exact.

202. Problème XXXI. *Transformer la série*

$$l2 = 1 - \frac{1}{2} + \frac{1}{3} - \frac{1}{4} + \frac{1}{5} - \frac{1}{6} - \ldots$$

Solution. On a

$$\Delta u_1 = \frac{1}{2}, \qquad \Delta u_2 = \frac{1}{2.3}, \qquad \Delta u_3 = \frac{1}{3.4}, \qquad \ldots$$

$$\Delta^2 u_1 = \frac{1}{3}, \qquad \Delta^2 u_2 = \frac{1}{3.4}, \qquad \Delta^2 u_3 = \frac{2}{3.4.5}, \qquad \ldots$$

$$\Delta^3 u_1 = \frac{1}{4}, \qquad \Delta^3 u_2 = \frac{1}{4.5}, \qquad \ldots$$

$$\Delta^4 u_1 = \frac{1}{5}, \qquad \ldots$$

$$\cdots\cdots\cdots$$

Donc

$$l2 = \frac{1}{1.2} + \frac{1}{2.4} + \frac{1}{3.8} + \frac{1}{4.16} + \frac{1}{5.32} + \ldots + \frac{1}{n.2^n} + R, \qquad (9)$$

$$R < \frac{1}{(n+1)2^n}.$$

(*) Nous laissons au lecteur le soin de la démontrer.

203. Problème XXXII. *Transformer la série*

$$s = \frac{1}{1+x} = 1 - x + x^2 - x^3 + x^4 - \ldots \qquad (10)$$

en d'autres qui soient plus convergentes.

1° Le calcul précédent conduit à

$$2s = 1 - \frac{x-1}{2} + \left(\frac{x-1}{2}\right)^2 - \left(\frac{x-1}{2}\right)^3 + \ldots \qquad (11)$$

2° *Si* x *surpasse* 1, le même calcul, appliqué à la série (11), donne

$$4s = 1 - \frac{x-3}{4} + \left(\frac{x-3}{4}\right)^2 - \left(\frac{x-3}{4}\right)^3 + \ldots \qquad (12)$$

3° Semblablement, *si* x *surpasse* 3, on peut remplacer la série (12) par

$$8s = 1 - \frac{x-7}{8} + \left(\frac{x-7}{8}\right)^2 - \left(\frac{x-7}{8}\right)^3 + \ldots; \qquad (13)$$

et ainsi de suite.

204. *Remarques.* I. Les limites de convergence, pour les séries (10), (11), (12), (13), sont, respectivement :

$$x > -1, \quad x > -1, \quad x > -1, \quad x > -1,$$
$$x < 1 \; ; \quad x < 3 \; ; \quad x < 7 \; ; \quad x < 15 \, ; \quad \ldots$$

II. Supposons, dans les deux premières séries, $x = 2$: la série (10) deviendra divergente, et il serait absurde de prétendre, comme l'ont fait plusieurs géomètres, qu'elle est encore équivalente à son premier membre, ou que l'on a

$$\frac{1}{3} = 1 - 2 + 4 - 8 + 16 - \ldots$$

Néanmoins, *l'équation* (11), *déduite de la série* (10) *quand celle-ci était convergente, subsiste encore.* En effet,

$$\frac{2}{3} = 1 - \frac{1}{2} + \frac{1}{4} - \frac{1}{8} + \frac{1}{16} + \ldots$$

Ainsi, *une série convergente* (B), *déduite d'une série convergente* (A), *obtenue en développant une fonction* F(x), *peut, dans certains cas, représenter encore* F(x), *après que la série* (A) *est devenue divergente* (*).

(*) C'est probablement là ce qu'ont voulu exprimer les auteurs qui se sont occupés de la *transformation des séries divergentes en séries convergentes* (197, première note).

III. Si, dans les séries (11) et (12), on suppose x compris entre —1 et +1, les termes de la première série deviennent tous positifs. *Il n'est donc pas toujours nécessaire, pour l'application de la méthode de Hutton, que les termes de la série proposée soient, alternativement, positifs et négatifs.* Il est vrai que, la série transformée pouvant être *moins convergente* que la série primitive, la transformation n'offre plus d'utilité (*).

IV. Pour une même valeur de x, comprise entre $\frac{1}{3}$ et 1, les séries (11), (12), (13), ... sont *de moins en moins convergentes;* mais elles le sont plus que la série proposée (10). Par exemple, $x = \frac{3}{4}$ donne les résultats suivants :

$$\frac{4}{7} = 1 - \left(\frac{3}{4}\right) + \left(\frac{3}{4}\right)^2 - \left(\frac{3}{4}\right)^3 + \ldots ,$$

$$\frac{8}{7} = 1 + \frac{1}{8} + \left(\frac{1}{8}\right)^2 + \left(\frac{1}{8}\right)^3 + \ldots ,$$

$$\frac{16}{7} = 1 + \frac{9}{16} + \left(\frac{9}{16}\right)^2 + \left(\frac{9}{16}\right)^3 + \ldots ,$$

$$\frac{32}{7} = 1 + \frac{25}{32} + \left(\frac{25}{32}\right)^2 + \left(\frac{25}{32}\right)^3 + \ldots$$

TRANSFORMATIONS DE SECONDE ESPÈCE.

205. Dans le chapitre précédent, nous avons développé plusieurs fonctions suivant les sinus ou les cosinus des multiples de la variable. Nous allons retrouver quelques-uns de ces développements, et en obtenir de nouveaux, en supposant que la variable ait la forme $\rho e^{t\sqrt{-1}}$. Les résultats auxquels nous arriverons par cette voie mettront en évi-

---

(*) Soit, dans les séries (11), (12), $x = \frac{1}{2}$; on trouve

$$2s = \frac{4}{3} = 1 + \frac{1}{4} + \left(\frac{1}{4}\right)^2 + \left(\frac{1}{4}\right)^3 + \ldots ,$$

$$4s = \frac{8}{3} = 1 + \frac{5}{8} + \left(\frac{5}{8}\right)^2 + \left(\frac{5}{8}\right)^3 + \ldots ,$$

ce qui est exact. Mais la seconde série est beaucoup moins convergente que la première.

dence une partie des secours que l'analyse mathématique peut attendre de l'emploi des imaginaires (*).

206. Lemmes :

1° $$e^{\pm x\sqrt{-1}} = \cos x \pm \sqrt{-1}\,\sin x \quad (^{**}).$$

2° $$\cos x = \frac{e^{x\sqrt{-1}} + e^{-x\sqrt{-1}}}{2}, \quad \sin x = \frac{e^{x\sqrt{-1}} - e^{-x\sqrt{-1}}}{2\sqrt{-1}}.$$

3° $$\cos(x\sqrt{-1}) = \frac{e^x + e^{-x}}{2}, \quad \sin(x\sqrt{-1}) = \frac{e^x - e^{-x}}{2}\sqrt{-1},$$
$$\operatorname{tg}(x\sqrt{-1}) = \frac{e^x - e^{-x}}{e^x + e^{-x}}\sqrt{-1}.$$

207. Problème XXXIII. *Développer, suivant les sinus et les cosinus des multiples de ω, la fraction*
$$\frac{1}{1 - \rho e^{\omega\sqrt{-1}}}.$$

Solution. La formule
$$\frac{1}{1-x} = 1 + x + x^2 + x^3 + \ldots,$$

trouvée en supposant $x^2 < 1$, subsiste quand x devient imaginaire, mais que son module est inférieur à l'unité (***). Par conséquent, pour toute valeur du module ρ, moindre que l'unité, on a
$$\frac{1}{1 - \rho e^{\omega\sqrt{-1}}} = 1 + \rho e^{\omega\sqrt{-1}} + \rho^2 e^{2\omega\sqrt{-1}} + \rho^3 e^{3\omega\sqrt{-1}} + \ldots,$$

ou
$$\frac{1}{1 - \rho e^{\omega\sqrt{-1}}} = \sum_0^\infty \rho^n (\cos n\omega + \sqrt{-1}\,\sin n\omega). \tag{1}$$

208. La formule (1) serait à peu près inutile, si nous ne mettions son premier membre sous la forme $A + B\sqrt{-1}$. Or,
$$\frac{1}{1 - \rho e^{\omega\sqrt{-1}}} = \frac{1 - \rho e^{-\omega\sqrt{-1}}}{1 - \rho(e^{\omega\sqrt{-1}} + e^{-\omega\sqrt{-1}}) + \rho^2} = \frac{1 - \rho(\cos\omega - \sqrt{-1}\,\sin\omega)}{1 - 2\rho\cos\omega + \rho^2};$$

(*) MM. Briot et Bouquet ont publié récemment, dans le *Journal de l'École polytechnique*, un mémoire intitulé : *Étude des fonctions d'une variable imaginaire.* Nous regrettons que l'exiguïté du cadre dans lequel nous avons dû nous renfermer nous ait empêché de rien emprunter à ce beau travail (septembre 1858).

(**) **Nous** rappelons que ce lemme, dont les autres sont des conséquences immédiates, renferme la *formule de Moivre* (114).

(***) C'est ce qu'il est facile de démontrer.

donc

$$\frac{1-\rho\cos\omega}{1-2\rho\cos\omega+\rho^2}=1+\rho\cos\omega+\rho^2\cos 2\omega+\rho^3\cos 3\omega+\dots\dots,\quad (A)$$

$$\frac{\rho\sin\omega}{1-2\rho\cos\omega+\rho^2}=\rho\sin\omega+\rho^2\sin 2\omega+\rho^3\sin 3\omega+\dots\dots\quad (B)$$

Ces formules ne diffèrent pas de celles que nous avons trouvées dans le Chapitre VI (Probl. XXIII), par un procédé beaucoup moins simple que celui-ci.

209. Problème XXXIV. *Développer la fonction* $e^{\rho e^{\omega\sqrt{-1}}}$.

Solution. Si, dans la formule (E) du n° 112 :

$$e^x=1+\frac{x}{1}+\frac{x^2}{1.2}+\frac{x^3}{1.2.3}+\dots\dots,$$

on remplace x par $\rho e^{\omega\sqrt{-1}}=\rho(\cos\omega+\sqrt{-1}\sin\omega)$, on trouve

$$e^{\rho(\cos\omega+\sqrt{-1}\sin\omega)}=1\sum_0^\infty\frac{\rho^n}{1.2\dots.n}(\cos n\omega+\sqrt{-1}\sin n\omega).\quad (2)$$

Mais

$$e^{\rho(\cos\omega+\sqrt{-1}\sin\omega)}=e^{\rho\cos\omega}.e^{\rho\sqrt{-1}\sin\omega}=e^{\rho\cos\omega}\left[\cos(\rho\sin\omega)+\sqrt{-1}\sin(\rho\sin\omega)\right];$$

donc la formule (2) se partage en

$$e^{\rho\cos\omega}\cos(\rho\sin\omega)=1+\frac{\rho}{1}\cos\omega+\frac{\rho^2}{1.2}\cos 2\omega+\frac{\rho^3}{1.2.3}\cos 3\omega+\dots\dots,\quad (C)$$

$$e^{\rho\cos\omega}\sin(\rho\sin\omega)=\frac{\rho}{1}\sin\omega+\frac{\rho^2}{1.2}\sin 2\omega+\frac{\rho^3}{1.2.3}\sin 3\omega+\dots\dots\quad (D)$$

210. *Remarques.* I. Dans ces équations, le module ρ peut être quelconque, parce que les séries (B), (C) sont toujours convergentes (49). Si l'on remplace ρ par $\sqrt{-1}$ (*), le premier membre de la formule (C) devient

$$e^{\sqrt{-1}\cos\omega}\cos(\sqrt{-1}\sin\omega)=\left[\cos(\cos\omega)+\sqrt{-1}\sin(\cos\omega)\right]\frac{e^{\sin\omega}+e^{-\sin\omega}}{2};$$

donc

$$\frac{1}{2}(e^{\sin\omega}+e^{-\sin\omega})\cos(\cos\omega)=1-\frac{\cos 2\omega}{1.2}+\frac{\cos 4\omega}{1.2.3.4}-\frac{\cos 6\omega}{1.2.3.4.5.6}+\dots\dots\quad (E)$$

$$\frac{1}{2}(e^{\sin\omega}+e^{-\sin\omega})\sin(\cos\omega)=\frac{\cos\omega}{1.2}-\frac{\cos 3\omega}{1.2.3}+\frac{\cos 5\omega}{1.2.3.4.5}-\dots\dots\quad (F)$$

(*) Cette hypothèse est en contradiction avec la définition même du module. Néanmoins, les résultats auxquels nous allons arriver sont exacts, ainsi que l'on peut s'en assurer par une vérification *à posteriori*.

De même, la formule (D) conduit à

$$\frac{1}{2}\left(e^{\sin\omega}-e^{-\sin\omega}\right)\sin(\cos\omega)=\frac{\sin 2\omega}{1.2}-\frac{\sin 4\omega}{1.2.3.4}+\frac{\sin 6\omega}{1.2.3.4.5.6}-\ldots, \quad (G)$$

$$\frac{1}{2}\left(e^{\sin\omega}-e^{-\sin\omega}\right)\cos(\cos\omega)=\frac{\sin\omega}{1}-\frac{\sin 3\omega}{1.2.3}+\frac{\sin 5\omega}{1.2.3.4.5}-\ldots \quad (H)$$

II. La combinaison des quatre dernières formules donne encore ces résultats remarquables :

$$e^{\sin\omega}\cos(\cos\omega)=1+\frac{\sin\omega}{1}-\frac{\cos 2\omega}{1.2}-\frac{\cos 3\omega}{1.2.3}+\frac{\cos 4\omega}{1.2.3.4}+\frac{\sin 5\omega}{1.2.3.4.5}-\ldots, \quad (I)$$

$$e^{\sin\omega}\sin(\cos\omega)=\frac{\cos\omega}{1}+\frac{\sin 2\omega}{1.2}-\frac{\cos 3\omega}{1.2.3}-\frac{\sin 4\omega}{1.2.3.4}+\frac{\cos 5\omega}{1.2.3.4.5}+\ldots \quad (K)$$

211. Problème XXXV. *Développer les fonctions* $\sin\left(\rho e^{\omega\sqrt{-1}}\right)$, $\cos\left(\rho e^{\omega\sqrt{-1}}\right)$.

Solution. Les formules

$$\sin x=\frac{x}{1}-\frac{x^3}{1.2.3}+\frac{x^5}{1.2.3.4.5}-\ldots,$$

$$\cos x=1-\frac{x^2}{1.2}+\frac{x^4}{1.2.3.4}-\ldots,$$

donnent

$$\sin\left(\rho e^{\omega\sqrt{-1}}\right)=\sum_0^\infty(-1)^n\rho^{2n+1}\left[\cos(2n+1)\omega+\sqrt{-1}\sin(2n+1)\omega\right],$$

$$\cos\left(\rho e^{\omega\sqrt{-1}}\right)=\sum_0^\infty(-1)^n\rho^{2n}\left[\cos 2n\omega+\sqrt{-1}\sin 2n\omega\right].$$

Il reste à transformer les premiers membres. Or,

$$\sin\left(\rho e^{\omega\sqrt{-1}}\right)=\sin\left(\rho\cos\omega+\sqrt{-1}\,\rho\sin\omega\right)$$

$$=\sin(\rho\cos\omega)\cos\left(\sqrt{-1}\,\rho\sin\omega\right)+\cos(\rho\cos\omega)\sin\left(\sqrt{-1}\,\rho\sin\omega\right)$$

$$=\frac{1}{2}\sin(\rho\cos\omega)\left(e^{\rho\sin\omega}+e^{-\rho\sin\omega}\right)+\frac{1}{2}\cos(\rho\cos\omega)\left(e^{\rho\sin\omega}-e^{-\rho\sin\omega}\right)\sqrt{-1};$$

$$\cos\left(\rho e^{\omega\sqrt{-1}}\right)=\cos\left(\rho\cos\omega+\sqrt{-1}\,\rho\sin\omega\right)$$

$$=\cos(\rho\cos\omega)\cos\left(\sqrt{-1}\,\rho\sin\omega\right)-\sin(\rho\cos\omega)\sin\left(\sqrt{-1}\,\rho\sin\omega\right)$$

$$=\frac{1}{2}\cos(\rho\cos\omega)\left(e^{\rho\sin\omega}+e^{-\rho\sin\omega}\right)-\frac{1}{2}\sin(\rho\cos\omega)\left(e^{\rho\sin\omega}-e^{-\rho\sin\omega}\right)\sqrt{-1}.$$

Donc

$$\frac{1}{2}\left(e^{\rho\sin\omega}+e^{-\rho\sin\omega}\right)\sin(\rho\cos\omega)=\frac{\rho}{1}\cos\omega-\frac{\rho^3}{1.2.3}\cos 3\omega+\ldots, \quad (L)$$

$$\frac{1}{2}\left(e^{\rho\sin\omega}-e^{-\rho\sin\omega}\right)\cos(\rho\cos\omega)=\frac{\rho}{1}\cos\omega-\frac{\rho^3}{1.2.3}\cos 3\omega+\ldots, \qquad (M)$$

$$\frac{1}{2}\left(e^{\rho\sin\omega}+e^{-\rho\sin\omega}\right)\cos(\rho\cos\omega)=1-\frac{\rho^2}{1.2}\cos 2\omega+\ldots, \qquad (N)$$

$$\frac{1}{2}\left(e^{\rho\sin\omega}-e^{-\rho\sin\omega}\right)\sin(\rho\cos\omega)=\frac{\rho^2}{1.2}\sin 2\omega-\frac{\rho^4}{1.2.3.4}\sin 4\omega+\ldots; \qquad (P)$$

puis

$$e^{\rho\sin\omega}\sin(\rho\cos\omega)=\frac{\rho}{1}\cos\omega+\frac{\rho^2}{1.2}\sin 2\omega-\frac{\rho^3}{1.2.3}\cos 3\omega-\ldots, \qquad (Q)$$

$$e^{\rho\sin\omega}\cos(\rho\cos\omega)=1+\frac{\rho}{1}\sin\omega-\frac{\rho^2}{1.2}\cos 2\omega-\ldots; \qquad (R)$$

etc.

212. Problème XXXVI. *Développer la fonction* $l(1+\rho e^{\omega\sqrt{-1}})$.

Solution. En opérant comme dans les problèmes précédents, on a
d'abord

$$l(1+\rho e^{\omega\sqrt{-1}})=\sum_1^\infty(-1)^{n-1}\frac{\rho^n}{n}\left[\cos n\omega+\sqrt{-1}\sin n\omega\right];$$

puis, si l'on suppose

$$l(1+\rho e^{\omega\sqrt{-1}})=A+B\sqrt{-1}:$$

$$1+\rho(\cos\omega+\sqrt{-1}\sin\omega)=e^A(\cos B+\sqrt{-1}\sin B);$$

$$A=\frac{1}{2}l(1+2\rho\cos\omega+\rho^2),\quad B=\operatorname{arc\,tg}\frac{\rho\sin\omega}{1+\rho\cos\omega};$$

$$\frac{1}{2}l(1+2\rho\cos\omega+\rho^2)=\frac{\rho}{1}\cos\omega-\frac{\rho^2}{3}\cos 2\omega+\frac{\rho^3}{3}\cos 3\omega-\frac{\rho^4}{4}\cos 4\omega+\ldots, \qquad (S)$$

$$\operatorname{arc\,tg}\frac{\rho\sin\omega}{1+\rho\cos\omega}=\frac{\rho}{1}\sin\omega-\frac{\rho^2}{2}\sin 2\omega+\frac{\rho^3}{3}\sin 3\omega-\frac{\rho^4}{4}\sin 4\omega+\ldots \qquad (T)$$

Ces formules ont été trouvées dans le Chapitre VI (Probl. XXI).

213. Problème XXXVII. *Développer la fonction* $\operatorname{arc\,tg}(\rho e^{\omega\sqrt{-1}})$.

Solution. On a

$$\operatorname{arc\,tg}(\rho e^{\omega\sqrt{-1}})=\sum_1^\infty(-1)^{n-1}\frac{\rho^{2n-1}}{2n-1}\left[\cos(2n-1)\omega+\sqrt{-1}\sin(2n-1)\omega\right].$$

Soit $\qquad \operatorname{arc\,tg}(\rho\cos\omega+\sqrt{-1}\rho\sin\omega)=A+B\sqrt{-1};$

alors $\qquad \operatorname{arc\,tg}(\rho\cos\omega-\sqrt{-1}\rho\sin\omega)=A-B\sqrt{-1};$

puis

$$2A=\operatorname{arc\,tg}\frac{2\rho\cos\omega}{1+\rho^2},\quad 2B\sqrt{-1}=\operatorname{arc\,tg}\frac{2\sqrt{-1}\rho\sin\omega}{1+\rho^2}.$$

La dernière équation donne

$$\frac{2\rho \sin \omega}{1+\rho^2}\sqrt{-1}=\operatorname{tg}(2B\sqrt{-1})=\frac{e^{2B}-e^{-2B}}{e^{2B}+e^{-2B}}\sqrt{-1};$$

puis
$$B=\frac{1}{4}\,l\,\frac{1+2\rho \sin \omega+\rho^2}{1-2\rho \sin \omega+\rho^2}.$$

On a donc, au lieu du développement ci-dessus :

$$\frac{1}{2}\operatorname{arc\,tg}\frac{2\rho \cos \omega}{1-\rho^2}=\frac{\rho}{1}\cos \omega-\frac{\rho^3}{3}\cos 3\omega+\frac{\rho^5}{5}\cos 5\omega-\ldots, \qquad (U)$$

$$\frac{1}{4}\,l\,\frac{1+2\rho \sin \omega+\rho^2}{1-2\rho \sin \omega+\rho^2}=\frac{\rho}{1}\sin \omega-\frac{\rho^3}{3}\sin 3\omega+\frac{\rho^5}{5}\sin 5\omega-\ldots; \qquad (V)$$

ainsi qu'on l'a trouvé précédemment (180, I).

214. Problème XXXVIII. *Développer la fonction*

$$\operatorname{arc\,sin}(\cos \omega+\sqrt{-1}\sin \omega).$$

Solution. La formule (D) du n° **142** :

$$\operatorname{arc\,sin}x=x+\frac{1}{2}\frac{x^3}{3}+\frac{1.3}{2.4}\frac{x^5}{5}+\frac{1.3.5}{2.4.6}\frac{x^7}{7}+\ldots$$

devient d'abord

$$\operatorname{arc\,sin}(\cos \omega+\sqrt{-1}\sin \omega) \qquad (3)$$

$$=\sum_1^\infty\frac{1.3.5\ldots(2n-5)}{2.4\ldots(2n-2)(2n-1)}[\cos(2n-1)\omega+\sqrt{-1}\sin(2n-1)\omega].$$

Soit

$$\operatorname{arc\,sin}(\cos \omega+\sqrt{-1}\sin \omega)=A+B\sqrt{-1},$$

ou

$$\cos \omega+\sqrt{-1}\sin \omega=\sin(A+B\sqrt{-1}).$$

On conclut aisément de cette équation :

$$2\cos \omega=(e^B+e^{-B})\sin A, \qquad 2\sin \omega=(e^B-e^{-B})\cos A;$$

puis

$$\frac{\cos^2 \omega}{\sin^2 A}-\frac{\sin^2 \omega}{\cos^2 A}=1;$$

et enfin

$$\cos A=\sqrt{\sin \omega},\quad \sin A=\sqrt{1-\sin \omega},\quad B=l(\sqrt{1+\sin \omega}+\sqrt{\sin \omega}).$$

Ces valeurs, substituées dans l'équation (3), la décomposent en ces deux-ci :

$$\operatorname{arc\,cos}\left(\sqrt{\sin\omega}\right)=\cos\omega+\frac{1}{2.3}\cos 3\omega+\frac{1.3}{2.4.5}\cos 5\omega+\ldots,$$

$$l\left[\sqrt{1+\sin\omega}+\sqrt{\sin\omega}\right]=\sin\omega+\frac{1}{2.3}\sin 3\omega+\frac{1.3}{2.4.5}\sin 5\omega+\ldots;$$

d'où l'on en pourrait tirer beaucoup d'autres.

FIN.